机械制图与识图
化难为易

JIXIE ZHITU YU SHITU HUANANWEIYI

金乐 刘永田 主编

化学工业出版社

·北京·

本书旨在提高学生学习机械制图的兴趣，通过形象化、生活化、通俗化的表述，让学生完成从空间到平面，从平面到空间的思维转换。通过空间分析、投影分析，详细介绍立体的投影含义。在基本立体、切割体、相交立体及组合体的学习过程中，注重三维立体与二维视图互逆分析、思维，达到熟练掌握理解记忆立体投影，培养学生空间思维与空间想象能力这一机械制图绘图、读图的要点。全书图文并茂，以浅显的语言，详尽解说制图学习的重点、难点，易学易懂。

本书可以作为高等院校、职业院校机械类、近机械类各专业学生的参考资料和教材，也可供机械工程技术人员、技术工人学习和参考。

图书在版编目（CIP）数据

机械制图与识图化难为易/金乐，刘永田主编. —北京：化学工业出版社，2015.2（2020.2重印）
ISBN 978-7-122-22731-7

Ⅰ. ①机… Ⅱ. ①金…②刘… Ⅲ. ①机械制图-高等学校-教材②机械图-识别-高等学校-教材 Ⅳ. ①TH126

中国版本图书馆 CIP 数据核字（2015）第 007093 号

责任编辑：张兴辉
责任校对：边 涛　　　　　　　　　　　　　　　　　装帧设计：王晓宇

出版发行：化学工业出版社（北京市东城区青年湖南街 13 号　邮政编码 100011）
印　　装：北京虎彩文化传播有限公司
787mm×1092mm　1/16　印张 13½　字数 329 千字　2020 年 2 月北京第 1 版第 4 次印刷

购书咨询：010-64518888　　　　　　　　　　　售后服务：010-64518899
网　　址：http://www.cip.com.cn
凡购买本书，如有缺损质量问题，本社销售中心负责调换。

定　　价：**49.00 元**　　　　　　　　　　　　　　　　　　　　　版权所有　违者必究

前言 FOREWORD

机械制图与识图化难为易

随着高校在校生规模的增加，学习机械制图的学生不断增加。由于课时的减少和各种繁杂信息的困扰，大家普遍感觉学习机械制图不易。《机械制图与识图化难为易》本着"提高学生兴趣，服务课程学习"的指导思想，学生在掌握投影基础知识的基础上，通过形象化、生活化、通俗化的表述，让学生完成从空间到平面；从平面到空间的思维转换。通过空间分析、投影分析，详细介绍立体的投影含义。在基本立体、切割体、相交立体及组合体的学习过程中，三维立体与二维视图互逆分析、思维。达到熟练掌握理解记忆立体投影，培养学生空间思维与空间想象能力这一机械制图绘图、读图的要点。掌握基础建立空间思维与空间想象能力，学会并自觉运用形体分析，绘图、读图将不再困难。全书图文并茂，以浅显的语言，详尽解说制图学习的重点、难点。易学易懂。特别适合自学，是帮助大家提高学习能力的一本书。

本书可以作为高等院校、职业院校机械类、近机械类各专业学生的参考资料和教材，也可供机械工程技术人员、技术工人学习和参考。本书附有习题及习题详解，有助于大家学习过程中自我检测学习效果，提高学习质量。

本书由山东建筑大学金乐、刘永田任主编，薛岩、王淑华、元丽萍、张莹参与编写。全书由山东大学刘春贵教授主审。

由于笔者水平有限，书中如有不足之处，敬请读者批评指正。

编 者

目录 CONTENTS

机械制图与识图化难为易

第1章 投影基础

- 1.1 投影的基本知识 ·· 1
  - 1.1.1 中心投影法 ·· 1
  - 1.1.2 平行投影法 ·· 1
- 1.2 三视图及其投影规律 ·· 2
  - 1.2.1 三视图的形成 ·· 2
  - 1.2.2 三视图的投影规律 ······································ 3
- 1.3 物体上点、直线、平面的投影 ···························· 4
  - 1.3.1 物体上点的投影 ·· 4
  - 1.3.2 物体上直线的投影 ······································ 5
  - 1.3.3 物体上平面的投影 ······································ 7
- 1.4 物体上线、面分析 ·· 9

第2章 基本体的视图

- 2.1 平面体的视图 ·· 11
  - 2.1.1 棱柱体 ·· 11
  - 2.1.2 棱锥体 ·· 13
- 2.2 曲面体的视图 ·· 14
  - 2.2.1 圆柱体 ·· 14
  - 2.2.2 圆锥体 ·· 16
  - 2.2.3 圆球体 ·· 18

第3章 切割体

- 3.1 平面体的截交线 ·· 20
- 3.2 曲面体的截交线 ·· 27
  - 3.2.1 圆柱的截交线 ·· 27
  - 3.2.2 圆锥的截交线 ·· 32
  - 3.2.3 圆球的截交线 ·· 34

第4章 相贯体

- 4.1 平面体与平面体相交 ·· 37
- 4.2 平面体与曲面体相交 ·· 38
- 4.3 曲面体与曲面体相交 ·· 39

4.3.1　圆柱与圆柱相交 ··· 39
　　　4.3.2　圆柱与圆锥正交 ··· 42
　　　4.3.3　圆锥与圆球正交 ··· 44
　　　4.3.4　圆柱与圆柱偏交 ··· 46
　　　4.3.5　多形体正交 ··· 47
　　　4.3.6　相贯线的特殊情况 ·· 48

第 5 章　组合体

　5.1　组合体的形体分析和组合形式 ··· 50
　　　5.1.1　组合体的形体分析 ··· 50
　　　5.1.2　组合体的组合形式和表面连接关系 ·· 50
　5.2　组合体的画图方法 ··· 52
　5.3　组合体的看图方法 ··· 55
　　　5.3.1　看图的基本方法和要点 ··· 55
　　　5.3.2　看图的步骤 ··· 59
　　　5.3.3　看图的应用举例 ··· 63

第 6 章　机件的表达方法

　6.1　表示机件外部形状的方法——视图 ······································· 68
　　　6.1.1　基本视图 ·· 68
　　　6.1.2　向视图 ··· 69
　　　6.1.3　局部视图 ·· 69
　　　6.1.4　斜视图 ··· 70
　6.2　表示机件内部形状的方法——剖视图 ··································· 70
　　　6.2.1　剖视图的概念 ··· 70
　　　6.2.2　剖视图的种类 ··· 72
　　　6.2.3　剖切面的种类 ··· 74
　　　6.2.4　剖视图的应用举例 ··· 76
　6.3　表示断面形状的方法——断面图 ··· 78
　6.4　其他表示法 ·· 79
　6.5　表示法看图 ·· 82

第 7 章　零件图

　7.1　零件图概述 ·· 85
　　　7.1.1　零件图的内容 ··· 85
　　　7.1.2　零件的视图选择 ··· 86
　7.2　零件图上的尺寸标注 ··· 86
　　　7.2.1　组合体的尺寸标注 ··· 86
　　　7.2.2　尺寸的清晰布置 ··· 90
　　　7.2.3　尺寸基准 ·· 91
　　　7.2.4　尺寸的合理标注 ··· 91

  7.2.5　零件上常见结构的尺寸标注···93
 7.3　零件图图例及看图方法··95
  7.3.1　看零件图的方法和步骤···95
  7.3.2　看零件图图例··96

第8章　装配图的绘制和识读

 8.1　装配图内容···103
 8.2　装配图的表示法···104
  8.2.1　规定画法···104
  8.2.2　特殊画法···104
 8.3　装配图的尺寸标注、零件序号和明细栏···106
  8.3.1　装配图的尺寸标注···106
  8.3.2　零件序号···106
  8.3.3　明细栏···107
 8.4　装配结构的合理性··108
  8.4.1　接触面和配合面的结构··108
  8.4.2　螺纹连接的结构···109
  8.4.3　维修时拆卸方便···109
 8.5　装配图识图并拆画零件图··110
  8.5.1　读装配图的方法和步骤··110
  8.5.2　看懂零件形状，拆画零件图···113

实践练习···115

第 1 章
投影基础

1.1 投影的基本知识

生活中我们常常看到自己的影子。物体在阳光或灯光的照射下，在地面或墙上产生影子，这种现象叫做投影。人们找出物体和其影子的几何关系，经过科学抽象的研究，形成了投影的方法。根据投射光源的不同，可以得到两种投影法。

1.1.1 中心投影法

图 1-1 中的四边形板 *ABCD* 在灯光的照射下，在投影面 *P* 上得到它的投影 *abcd*。我们把光源抽象为一点，叫投影中心。因为所有投射线交汇为一点，所以叫做中心投影法。我们人看到的影像及照相、电影都属于中心投影。其特点是投影不能反映物体的真实的形状和大小，但具有较强的立体感。因此在工程中多用于绘制透视图。

1.1.2 平行投影法

如果我们把光源移到无限远处，这时投射线就会变为相互平行，这种投影方法我们叫做平行投影法。其投影原理如图 1-2 所示。

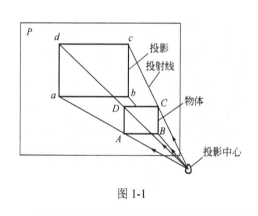

图 1-1

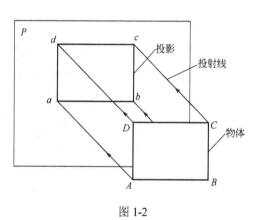

图 1-2

其特点是物体上的某一面与投影面平行时，它的投影能够反映其真实的形状和大小。

我们把投射线与投影面垂直的平行投影法称为**正投影法**。根据正投影法得到的图形，称为**正投影图**。假想观察者的视线相互平行，且垂直于投影面，这样在图样中物体的正投影面图我们称为**视图**。

机械制图一般采用正投影，它的优点是能反映物体的形状，便于度量。由于其缺点是缺乏立体感，因此在机械制图的学习过程中要特别注重空间到平面及平面到空间的双向思维。培养自己的空间思维能力和想象能力对于学习机械制图就显得特别重要。这要求大家需要一个渐进的学习过程，因此一开始学习就要严格要求自己，掌握投影基础为进一步学习打好基础。

1.2　三视图及其投影规律

一般情况下一个视图不能确定物体的空间形状。如图 1-3 和图 1-4 所示。因此，为了将物体的形状和大小表达清楚，常采用从几个方向投射的多面视图。

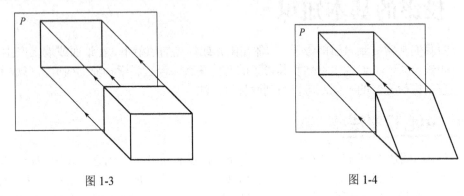

图 1-3　　　　　　　　　　　　图 1-4

1.2.1　三视图的形成

（1）三面投影体系的建立

由三个相互垂直的平面 V、H、W 构成一个三面投影体系，如图 1-5 所示。

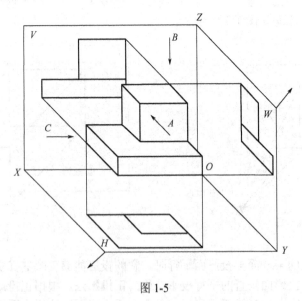

图 1-5

V 面称为正立投影面，简称正面。
H 面称为水平投影面，简称水平面。
W 面称为侧立投影面，简称侧面。

三个投影面之间的交线称为投影轴，分别叫做 X 轴、Y 轴、Z 轴。X 轴代表长度方向，Y 轴代表宽度方向，Z 轴代表高度方向。三根坐标轴的交点称为原点，用字母 O 表示。

（2）物体的三视图

物体在正面的投影称为主视图。

物体在水平面的投影称为俯视图。

物体在侧面的投影称为左视图。

图 1-5 是立体图，在生产中需要的是画在一张图纸上的平面图。因此我们要将三投影面体系展开。将物体从三投影面体系中移开。正面不动，水平面绕 X 轴向下旋转 $90°$，侧面绕 Z 轴右转 $90°$，使它们展开到与正面在同一个平面上，如图 1-6 所示。

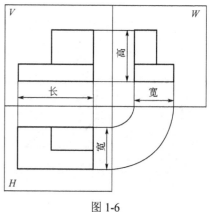

图 1-6

从三视图的形成过程中看出，三个视图的位置不能乱放。它们的位置关系：主视画在正面上，俯视在其正下方；右视画在其正右方，三图位置不改变。

1.2.2 三视图的投影规律

（1）尺寸关系

从图 1-7 可以看出主视、俯视反映物体的长，主视、左视反映物体的宽，俯视、左视反映物体的宽。它们之间有如下的"三等"关系：

主视、俯视长对正，

主视、左视高平齐，

俯视、左视宽相等。

"长对正、高平齐、宽相等"是画图和读图必须遵循的最基本的投影规律。对于物体不仅在整体上存在"三等"关系，对于其各个组成部分也存在着"三等"关系。特别要注意宽相等的度量。如图 1-8 所示。

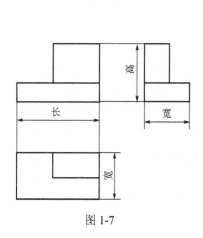

图 1-7

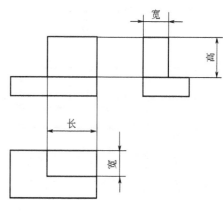

图 1-8

（2）视图与物体的方位关系

物体上有上、下、左、右、前、后六个方位（图 1-9）。在三视图上是怎么反映的？从图 1-10 可以看出：主视反映了物体的上、下、左、右方位；俯视反映了物体的前、后、左、右方位；左视反映了物体的前、后、上、下方位。总结如下：

主、俯视图显左右，上下可从主、左见；
俯视、左视现前后，远离主视是前面。

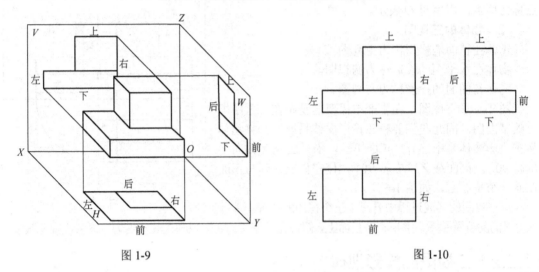

图 1-9　　　　　　　　　　　　　　　图 1-10

远离主视是前面，记住这一点尤为重要。度量等宽时，度量基准必须统一，度量方向必须一致。我们要在头脑中默想三视图的展开过程，将空间状态与平面图形对照，就能够更好地掌握物体的"三等"关系及方位关系。这对于今后的画图、读图都非常重要。

1.3　物体上点、直线、平面的投影

1.3.1　物体上点的投影

物体上的每一个点也保持着"三等"关系。因为点本身没有长、宽、高，"三等"关系以点的坐标形式体现。我们把空间点用大写字母表示如点 A。为了便于区别，点 A 的水平投影用小写字母 a 表示，正面投影用 a' 表示，侧面投影用 a'' 表示。

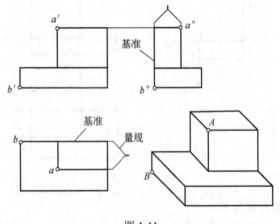

图 1-11

从图 1-11 上可以看出，物体上任一点均保持如下的投影关系。
点的正面投影与水平投影在同一条垂直线上，即对直。

点的正面投影与侧面投影在同一条水平线上,即平齐。
点的水平投影到选取的基准面的距离=点的侧面投影到同一基准面的距离,即等距。

1.3.2 物体上直线的投影

根据直线与投影面有相对位置关系把直线分成三种,它们分别是投影面的平行线、垂直线、倾斜线。先看一下演示。

把手中的铅笔看做是一条直线。现在随机把铅笔仍到桌面,一般情况如图1-12中AB直线。

(1) 投影面平行线(见表1-1)

我们看到AB直线与水平面平行(倾斜于另外两个投影面)称为水平线。同样有正平线、侧平线。我们把只平行于一个投影面的直线称为投影面的平行线。

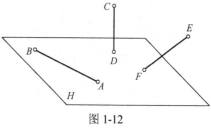

图1-12

表1-1 投影面的平行线

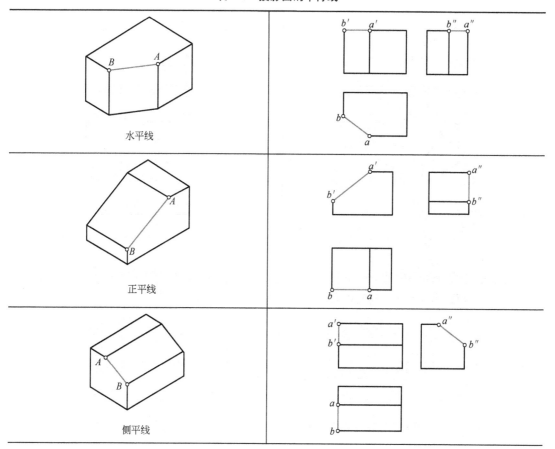

归纳:投影面平行线在其所平行的平面上的投影反映实形,另两投影分别平行其所平行平面所包含的投影轴

(2) 投影面垂直线(见表1-2)

现在把铅笔立在桌面上,如图1-12中CD直线。我们看到CD直线垂直于水平面(平行

于另外两个投影面）称为铅垂线。同样有正垂线、侧垂线。我们把只垂直于一个投影面的直线称为投影面的垂直线。

表 1-2 投影面的垂直线

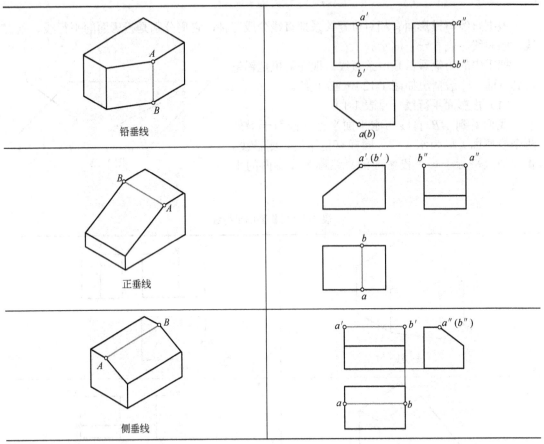

归纳：投影面垂直线在其所垂直的平面上的投影积聚为点，另两投影分别垂直其所垂直平面所包含的投影轴并且反映实长

（3）一般位置直线

我们把铅笔拿起如图 1-12 中 EF 直线倾斜放在桌面上。EF 直线与三个投影面都倾斜。我们把与三个投影面都倾斜的直线称为一般位置直线（又称为倾斜线）。

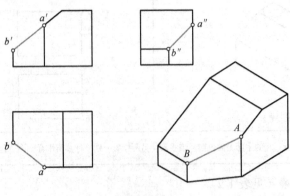

图 1-13

图 1-13 中直线 AB，其三个投影均为三条倾斜线。为一般位置直线。

归纳：一般位置直线的三个投影为三条倾斜线。

1.3.3 物体上平面的投影

（1）投影面平行面（表 1-3）

把手中的三角板仍到桌面，见图 1-14 我们看到平面 ABC 与水平面平行（与另外两个投影面垂直）称为水平面。同样有正平面、侧平面。我们把只平行于一个投影面的平面称为投影面的平行面。

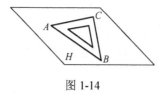

图 1-14

表 1-3 投影面的平行面

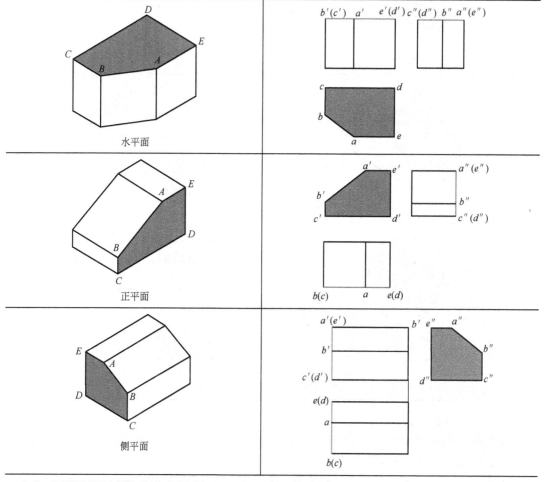

归纳：投影面平行面在其所平行的平面上的投影反映实形，另两投影分别平行其所平行平面所包含的投影轴且积聚为直线

(2) 投影面垂直面（表1-4）

现在我们把三角板立在桌面上，如图1-15中平面 ABC。我们看到平面 ABC 垂直于水平面（倾斜于另外两个投影面）称为铅垂面。同样有正垂面、侧垂面。我们把只垂直于一个投影面的平面称为投影面的垂直面。

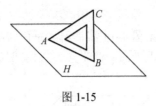

图 1-15

表 1-4 投影面的垂直面

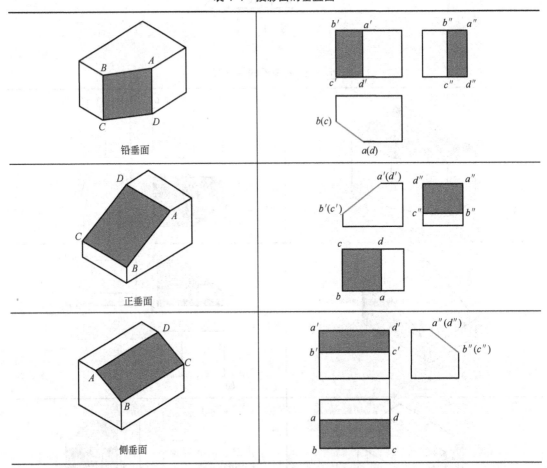

归纳：投影面垂直面在其所垂直的平面上的投影积聚为线，另两投影为两个类似形

（3）一般位置平面

我们把三角板拿起如图1-16中平面 ABC 倾斜放在桌面上。平面 ABC 与三个投影面都倾斜。我们把与三个投影面都倾斜的平面称为一般位置平面。

图1-17中平面 ABC，其三个投影均为三个类似形。为一般位置平面。归纳：一般位置平面的三个投影为三个类似形。

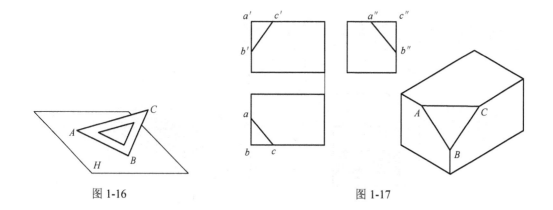

图 1-16   图 1-17

1.4 物体上线、面分析

掌握线、面在物体上的投影，对于画图、读图是非常重要的。下面我们结合物体的立体图，对其上线、面进行分析，以便更好的掌握和理解直线、平面的投影特性。

为了简述我们把与投影轴倾斜的直线称为斜线；把与投影轴平行的直线称为直线。

观察、分析图 1-18，我们看到直线 AB、直线 BD、直线 DC 的三面投影，发现其一个投影积聚为点。因此直线 AB、直线 BD、直线 DC 均为投影面垂直线。直线 AB 水平投影积聚为点是铅垂线。直线 BD 侧面投影积聚为点是侧垂线。直线 DC 正面投影积聚为点是正垂线。我们说投影面垂直线的投影特性是一点两直线。在哪个面上积聚为点就是哪个面的垂直线。

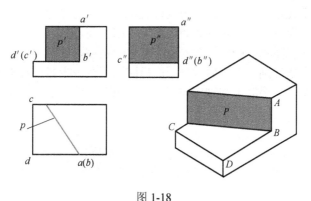

图 1-18

物体上一般我们用平面形表示平面。因此平面的三个投影至少有一个为线框。这样投影图中一个线框表示空间一个面在一个投影面的投影。在看图时是很有用的分析方法。

分析物体上 P 平面的投影，可以看到其正面投影为一个线框，侧面投影为一个线框，两个线框为类似形。水平投影积聚为斜线。我们再用手中的一张纸模拟一下。这样我们就能判断出平面 P 为铅垂面。我们在分析平面 P 的投影时看到：水平投影的斜线与正面投影的线框长对正，正面投影的线框与侧面投影的线框高平齐，水平投影的斜线与侧面投影的线框宽相等。投影面垂直面的投影特性是一斜线两类似形线框。在哪个面上积聚为斜线就是哪个面的垂直面。

画图看图过程中始终遵循"三等"关系，是非常重要的。我们用三角板、直尺对长、高。用分规、圆规度量宽度。"三等"对应关系是投影理论的基础，必须熟练掌握。

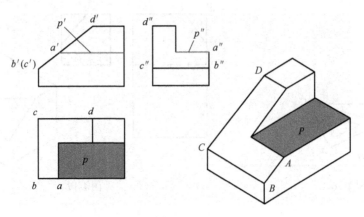

图 1-19

观察、分析图 1-19，我们看到直线 AB、直线 DC 的三面投影为一条斜线，两条直线。我们再用手中的铅笔模拟一下。我们就能判断出直线 AB、直线 DC 均为正平线。**投影面平行线的投影特性是一斜线两直线**。在哪个投影面上为斜线就是哪个面的平行线。仔细观察物体上直线 AB、直线 DC 相互平行，它们的同面投影也相互平行。也就是说空间相互平行的直线它们的投影相互平行。

分析物体上 P 平面的投影，可以看到其正面投影为一条直线，侧面投影为一条直线，水平投影为一个线框。我们在分析平面 P 的投影时看到：水平投影线框与正面投影的直线长对正，正面投影的直线与侧面投影的直线高平齐，水平投影的线框与侧面投影的直线宽相等。同样我们用手中的一张纸模拟一下。这样我们就能判断出平面 P 为水平面。**投影面平行面的投影特性是一线框两直线**。在哪个面上为线框就是哪个面的平行面。

通过前面内容的学习，大家对物体的投影有了初步的了解。

空间想象能力和空间思维能力的培养是个渐进的过程。平时大家一定要注重物体与其投影的对照分析。先由空间到平面，然后由平面返回到空间。学习过程中不但要认真地进行实践练习，还要多多自己动手演示和制作模型。反复思考、分析是非常重要的。

第 2 章
基本体的视图

生活中我们看到的汽车、火车、飞机等物体。不管它们的形状如何复杂,都可以把它们看成是由一些基本体,按一定方式组合而成。基本体就是形状简单的几何体。按照表面性质的不同,分为平面基本体和曲面基本体。

2.1 平面体的视图

平面体的表面都是平面,分为棱柱体和棱锥体。我们把平面与平面的交线称为棱线,把棱线与棱线的交点称为顶点。因此绘制平面体的视图,实际上是画出它的所有顶点和棱线的投影。

只要我们把平面和直线的投影特性弄清楚,熟练找出平面体上所有面、线三视图的投影,分析平面基本体就不会感到困难了。这是最基础的知识,大家一定要注意实物与其三视图的对照,熟悉线、面的投影特性。

2.1.1 棱柱体

(1) 四棱柱三视图

图 2-1 画出了我们最常见的四棱柱体,也是通常说的长方体的视图。

我们手中的书就是长方体,现在我们把空间立体和其三视图对照分析投影。长方体上共有六个面。其前面、后面相互平行且为正平面,这两个面的正面投影为矩形线框且反映实形,水平、侧面投影都积聚为线。其上面、下面相互平行且为水平面,这两个面的水面投影为矩形线框且反映实形,正面、侧面投影都积聚为线。其左面、

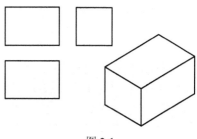

图 2-1

右面相互平行且为侧平面,这两个面的侧面投影为矩形线框且反映实形,正面、水平投影都积聚为线。长方体上有四条棱线均为铅垂线。上面矩形的四条线,两条为正垂线,两条为侧垂线。

(2) 四棱柱表面取点

图 2-2 长方体表面取点。图中细实线为作图线。

例 1 已知长方体面上点 A 的水平投影 a,棱线上点 B 的正面投影 b'、水平投影 b,求 A 点的另外两视图投影,B 点的侧面投影。

分析:由 A 点的水平投影在水平矩形线框内且可见可知,A 点在水平面上,在物体的上面上。而上面正面投影、侧面投影均积聚为直线。利用投影的积聚性,长对正找到其正面投

影,宽相等找到其侧面投影。B 点在棱线上,根据正面投影 b'、水平投影 b,判断其在左前方的棱线上,依据远离主视是前面,高平齐找到 B 点的侧面投影。

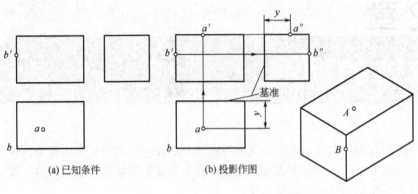

(a) 已知条件　　(b) 投影作图

图 2-2

（3）正六棱柱三视图

图 2-3 画出了正六棱柱三视图。

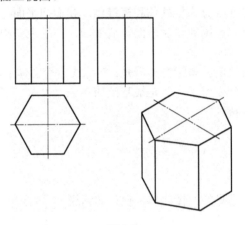

图 2-3

我们手中的绘图铅笔就是正六棱柱体,现在我们把空间立体和其三视图对照分析投影。正六棱柱上有六个棱面和上、下两个面。六个棱面中四个侧棱面均为铅垂面。水平投影积聚为斜线,另两投影为类似的矩形线框。另两个为正平面。正面投影为矩形线框,另两投影为直线。上、下两面为水平面。水平投影为正六边形线框,另两投影积聚为直线。

（4）正六棱柱表面取点

图 2-4 正六棱柱上取点。

例 2　已知正六棱柱面上点 A 的水平投影 a,棱面上点 B 的正面投影 b',求 A、B 两点的另外两视图投影。

分析：由 A 点的水平投影在正六边形线框内且可见可知,A 点在水平面上,在物体的上面上。而上面正面投影、侧面投影均积聚为直线。利用投影的积聚性,长对正找到其正面投影,宽相等找到其侧面投影。B 点在棱面上,根据正面投影 b'在矩形线框内且可见,判断其在左前方的棱面上。该面为铅垂面,水平投影积聚为一条斜线。长对正在其积聚的斜线上找到 B 点水平投影,高平齐、宽相等找到 B 点的侧面投影。

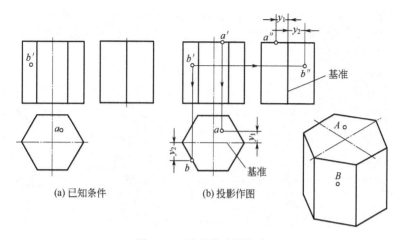

图 2-4 正六棱柱表面取点

2.1.2 棱锥体

底边为多边形，所有棱线交汇于一点的平面体叫棱锥体。底边为正多边形、各侧面为全等的三角形时，称为正棱锥。

（1）三棱锥三视图

图 2-5 画出了正三棱锥的三视图。

正三棱锥上有三个棱面和下底面。三个棱面中面 SAB、面 SBC 的三个投影都为三角形，它们是一般位置面。面 SAC 水平投影、正面投影均为类似的三角形，侧面投影积聚为斜线。面 SAC 为侧垂面。底面水平投影为三角形线框，正面、侧面投影均积聚为直线。底面为水平面。三条棱线中的线 SA、线 SC 三个投影均为三条斜线。它们是一般位置直线。棱线 SB 侧面投影为斜线，正面、水平面投影均为直线。棱线 SB 为侧平线。构成底面三角形的线 AB、线 BC 水平投影为

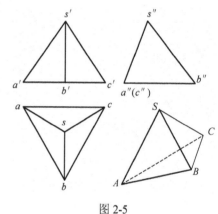

图 2-5

斜线，正面、侧面投影为直线。它们是水平线。线 AC 侧面投影积聚为点，另两投影为直线。线 AC 为侧垂线。

（2）三棱锥表面取点

图 2-8 正三棱锥上取点。

例 3 已知正三棱锥面上点 M 的正面投影 m'，求 M 点的另外两视图投影。

分析：由 M 点的正面投影在三角形线框内且可见可知，M 点在面 SAB 上，面 SAB 是一般位置面。必须用平面内取点的方法求解。

我们知道如果两个点都在平面上，那么这两点连接而成的直线一定在平面上。或已知一个点在平面上，过该点作平面上另一条线的平行线，则所作直线为平面上的直线。见图 2-6、图 2-7 所示。

作图一：如图 2-8（b）所示。已知 M 点、S 点在三角形 SAB 上，因此连接 S、M 两点的直线一定在三角形 SAB 上。连接锥顶 S 和点 M，延长直线 SM。平面上的直线 SM 延长后会与平面上另一条与之不平行的直线 AB 交与点 1。具体作图过程是连接 $s'm'$ 并延长，交 $a'b'$ 于

1′。根据点的投影在直线的同面投影上，在 ab 上找到 1，连接 s1，M 点的水平投影 m 在 s1 上。高平齐、宽相等找到 M 点的侧面投影。在找 M 点侧面投影过程中要注意宽度度量方向要一致。

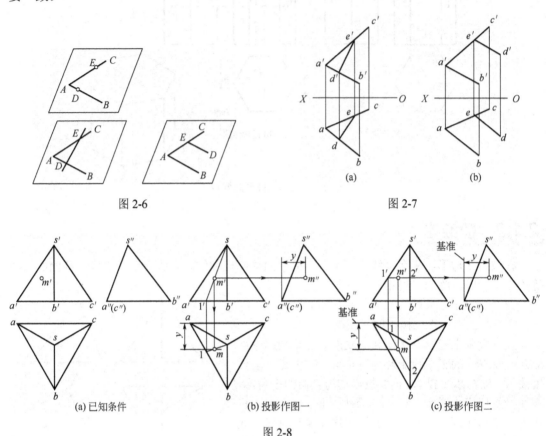

图 2-6　　　　　　　　　　　　图 2-7

图 2-8

作图二：如图 2-8（c）所示。已知 M 点在三角形 SAB 上，因此过 M 点且平行直线 AB 的直线一定在三角形 SAB 上。过点 M 作直线 AB 的平行线 12。平面上的直线 12 与平面上另一条与之平行的直线 AB 的同面投影相互平行。具体作图过程是过 m′ 作 a′b′ 的平行线 1′2′，1′2′ 交 a′s′ 于 1′。根据点的投影在直线的同面投影上，在 ab 上找到 1，根据平行线的同面投影相互平行的特性，作 12，平行于 ab，M 点的水平投影 m 在 12 上。高平齐、宽相等找到 M 点的侧面投影。

2.2　曲面体的视图

常见的曲面基本体有圆柱、圆锥、圆球等。它们的表面是光滑的曲面。在画图和看图时，要抓住曲面的特殊本质，即曲面的形成规律和曲面轮廓的投影。

2.2.1　圆柱体

（1）圆柱体的形成及三视图

如图 2-9（a）所示，圆柱体是由圆柱面和上、下圆形平面所围成。圆柱面是由直线 AA_1 绕与之平行的轴线 OO_1 旋转而成。直线 AA_1 称为母线，圆柱面上任意一条平行于轴线 OO_1

的直线，称为圆柱体的素线。图 2-9（c）所示为圆柱体的三视图：俯视为一个圆线框，反映上、下圆形平面的实形，上、下圆形平面为水平面，圆柱面上所有素线为铅垂线，因此俯视的圆为圆柱面的积聚性投影。圆柱面上任何点和线的水平投影都积聚在这个圆上。主、左视图为全等的矩形。主视矩形线框反映圆柱面的正面投影，上、下两条边为上、下圆形平面在正面的积聚性投影。左、右两条直线为最左、最右素线。左视矩形线框反映圆柱面的侧面投影，上、下两条边为上、下圆形平面在侧面的积聚性投影。前、后两条直线为最前、最后素线。

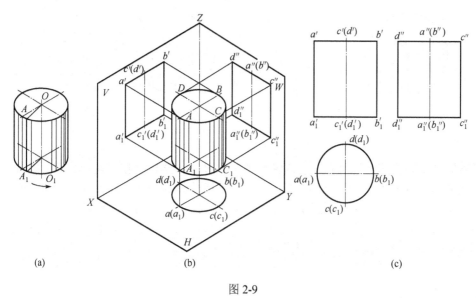

图 2-9

曲面立体的学习对大家的空间思维能力和想象能力要求更高。画图时一定要在主视、左视用点画线画出旋转轴的投影，俯视画出两条垂直相交的点画线表示圆柱的对称中心线。

（2）分析轮廓线与判断曲面的可见性

① 轮廓线分析　主视中 $a'a_1'$ 是轮廓素线，由于其在最左边我们称其为圆柱的最左素线。同样 $b'b_1'$ 是轮廓素线，我们称其为最右素线。最左、最右素线的左视投影与轴线重合。由于不是左视的轮廓线，因此在左视中不需画出。最左、最右素线的俯视投影为水平点画线与圆的左、右交点。左视中 $c'c_1'$ 是轮廓素线，由于其在最前边我们称其为圆柱的最前素线。同样 $d''d_1''$ 是轮廓素线，我们称其为最后素线。最前、最后素线的主视投影与轴线重合。由于不是主视的轮廓线，因此在主视中不需画出。最前、最后素线的俯视投影为竖直点画线与圆的前、后交点。

② 曲面的可见性分析　主视中最左、最右轮廓线表示前半个圆柱面可见，后半个圆柱面不可见。它们也叫圆柱的前、后转向轮廓线。左视中最前、最后轮廓线表示左半个圆柱面可见，右半个圆柱面不可见。它们也叫圆柱的左、右转向轮廓线。

（3）圆柱上的点

例 4　已知圆柱面上点 M 的正面投影 m'，底面上的点 N 的水平投影 n，求 M、N 两点的另外两视图投影。如图 2-10 所示。

分析：由 M 点的正面投影在矩形线框内且可见可知，M 点在圆柱面上，在圆柱面的左、前方。而圆柱面的水平投影积聚为圆。利用圆柱面投影的积聚性找点。根据水平投影（n）在圆线框内且不可见，判断其在底面上。该面为水平面，正面投影积聚为一条直线。利用面的积聚性找点。

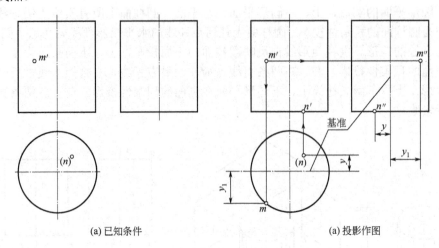

(a) 已知条件　　　　　　　　　　　(a) 投影作图

图 2-10

作图：长对正在水平圆周左、前位置找到 M 点水平投影，宽相等找到其侧面投影。由于左视图矩形线框表示左半个圆柱面可见，所有其左视投影 m'' 可见。N 点在底面上，长对正在其积聚的直线上找到 N 点正面投影，高平齐、宽相等找到 N 点的侧面投影。n'、n'' 默认可见。

这里要注意，点在面上，当面的投影积聚为直线，此时如果该面上没有其它点与所求点的投影重合，我们就默认该点的投影可见。

2.2.2　圆锥体

（1）圆锥体的形成及三视图

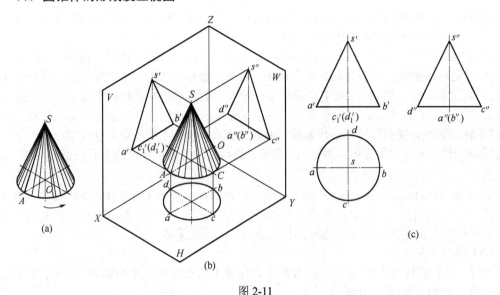

图 2-11

如图 2-11（a）所示，圆锥体是由圆锥面和下圆形平面所围成。圆锥面是由直线 SA 绕与之相交的轴线旋转而成。直线 SA 称为母线，圆锥面上任意一条与轴线相交的直线，称为圆锥体的素线。图 2-11（b）所示为圆锥体的三视图：俯视为一个圆线框，反映圆锥面水平投影和下圆形平面的实形。下圆形平面为水平面。主、左视图为全等的三角形。主、左视图为全等的三角形。主视三角形线框反映圆锥面的正面投影,下边为下圆形平面在正面的积聚投影。左、右两条斜线为最左、最右素线。左视三角形线框反映圆锥面的侧面投影,下边为下圆形平面在侧面的积聚投影。前、后两条斜线为最前、最后素线。圆锥面在三个视图上的投影都没有积聚性。

(2) 分析轮廓线与判断曲面的可见性

① 轮廓线分析　主视中 $s'a'$ 是轮廓素线,由于其在最左边我们称其为圆锥的最左素线。同样 $s'b'$ 是轮廓素线,我们称其为最右素线。最左、最右素线的左视投影与轴线重合。由于不是左视的轮廓线,因此在左视中不需画出。最左、最右素线的俯视投影分别为左半个、右半个水平点画线。左视中 $s''c''$ 是轮廓素线,由于其在最前边我们称其为圆锥的最前素线。同样 $s''d''$ 是轮廓素线,我们称其为最后素线。最前、最后素线的主视投影与轴线重合。由于不是主视的轮廓线,因此在主视中不需画出。最前、最后素线的俯视投影分别为左半个、右半个竖直点画线。

② 曲面的可见性分析　主视中最左、最右轮廓线表示前半个圆锥面可见,后半个圆锥面不可见。它们也叫圆锥的前、后转向轮廓线。左视中最前、最后轮廓线表示左半个圆锥面可见,右半个圆锥面不可见。它们也叫圆锥的左、右转向轮廓线。

(3) 圆锥上的点

例5　如图 2-12 所示,已知圆锥面上点 M 的正面投影 m',最后素线上的点 N 的侧面投影 n'',求 M、N 两点的另外两视图投影。

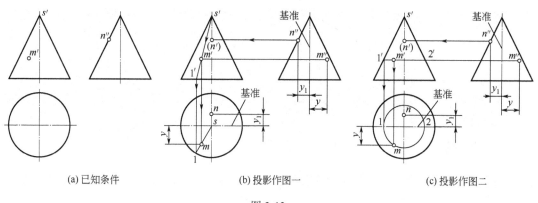

(a) 已知条件　　　(b) 投影作图一　　　(c) 投影作图二

图 2-12

分析:由 M 点的正面投影在三角形线框内且可见可知,M 点在圆锥面上,在圆锥面的左、前方。由于圆锥面的三投影都没有积聚性,所以在圆锥面上取点要用辅助线法。辅助线法分为素线法和纬圆法。根据侧面投影 n'' 在最后素线上可以判断其在素线上。利用最后素线的投影位置找点 N。

作图一:素线法。

怎样在圆锥面上找点投影为直线的图线呢?

仔细回想一下圆锥面的形成过程,我们发现在圆锥面上只要过锥顶的直线就是圆锥体的素线,而圆锥体的素线的三个投影都是直线,只是因为圆锥面是曲面,一般位置的素线我们在绘图时不画出。这样在圆锥面上过点 M 及锥顶 S 作辅助素线 SM。这就是素线法。

连接锥顶 S 的正面投影 s' 和点 M 的正面投影 m' 并延长作辅助素线正面投影 $s'1'$,根据 1 点在底圆的左、前位置,在水平投影的圆周的左、前位置找到 1 点水平投影,连接 $s1$,根据点在直线上，点的投影在直线的同名投影上。长对正在 s1 上找到 M 点水平投影。由于圆锥面上的点水平投影都可见。所有其水平投影可见。宽相等找到其侧面投影，由于左视图三角形线框表示左半个圆锥面可见，所有其左视投影 m″ 可见。N 点在最后素线上，高平齐在主视图点画线上找到 N 点正面投影，由于主视图三角形线框表示前半个圆锥面可见，所以其主视投影 n′ 不可见。宽相等找到 N 点的水平面投影。圆锥面上点的水平投影均可见，故 n 可见。

作图二：纬圆法。

还能在圆锥面上找点投影为圆或直线的图线吗？

想一下我们用垂直于圆锥体轴线的平面截切圆锥，圆锥体会出现什么样的变化？如拿去截平面上面的部分，剩余的部分是圆台，其顶面为圆。这就是交线圆，我们成为"纬圆"。这是个水平圆，水平投影为圆，另两投影为直线。利用纬圆求解的方法称为纬圆法。

过点 M 的正面投影 m′ 作纬圆正面投影 1′2′，再以 1′2′为直径，以 s 为圆心在水平投影上画出纬圆的实形。长对正在纬圆的水平投影上找到 M 点水平投影。宽相等找到其侧面投影。

2.2.3 圆球体

（1）圆球体的形成及三视图

如图 2-13（a）所示，圆球体是圆球面所围成。圆球面是由半圆绕其直径 OO_1 旋转而成。图 2-13（c）所示为圆球体的三视图均为大小相等的圆。这三个圆是分别从三个方向看球时球的轮廓线投影。

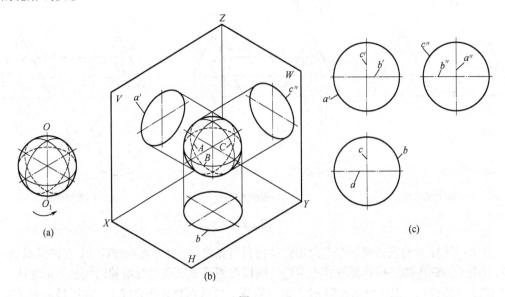

图 2-13

圆球体的学习对大家的空间思维能力和想象能力要求更高。读图时一定要多想多看，分清轮廓线的投影。

（2）分析轮廓线与判断曲面的可见性

① 轮廓线分析　圆球体是用转向轮廓圆的投影来表示圆球的轮廓。图 2-13（b）、（c）看出 A 圆是前、后半球的分界圆我们称其为圆球的前、后转向轮廓圆，形成了主视图的轮廓线。其水平投影与水平轴线重合。其侧面投影与竖直轴线重合。由于不是俯视、左视的轮廓线，因此在俯视、左视中不需画出。B 圆是上、下半球的分界圆，我们称其为圆球的上、下

转向轮廓圆,形成了俯视图的轮廓线。其正面投影与水平轴线重合。其侧面投影也与水平轴线重合。由于不是主视、左视的轮廓线,因此在主视、左视中不需画出。C 圆是左、右半球的分界圆我们称其为圆球的左、右转向轮廓圆,形成了左视图的轮廓线。其正面投影与竖直轴线重合。其水平投影也与竖直轴线重合。由于不是主视、俯视的轮廓线,因此在主视、俯视中不需画出。

② 曲面的可见性分析　主视中前、后转向轮廓圆表示前半个圆球面可见,后半个圆球面不可见。俯视中上、下转向轮廓圆表示上半个圆球面可见,下半个圆球面不可见。左视中左、右转向轮廓圆表示左半个圆球面可见,右半个圆球面不可见。

（3）圆球上的点

例 6　已知圆球面上点 M 的正面投影 m'（图 2-14）,水平圆上的点 N 的水平投影 n,求 M、N 两点的另外两视图投影。

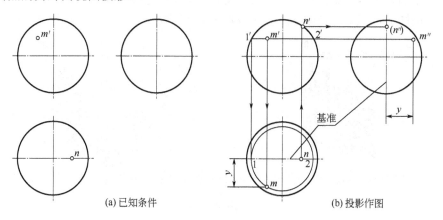

图 2-14

分析：由 M 点的正面投影在圆形线框内且可见可知,M 点在圆球面上,在圆球面的左、前方。由于圆球面的三投影都没有积聚性,而且圆球面上不能取到直线,所以只能用纬圆法来求球面上点的投影。

作图：过点 M 的正面投影 m' 作纬圆正面投影 $1'2'$,再以 $1'2'$ 为直径,以水平点画线与竖直点画线的交点为圆心在水平投影上画出纬圆的实形。长对正在纬圆的水平投影左、前上找到 M 点水平投影,高平齐、宽相等找到其侧面投影。由于左视图圆线框表示左半个圆球面可见,所有其左视投影 m'' 可见。N 点在前、后轮廓线上,长对正在主视图圆周上找到 N 点正面投影。高平齐在左视图竖直点画线上找到其侧面投影,由于左视图圆线框表示左半个圆球面可见,所以其左视投影 n'' 不可见。

通过前面内容的学习,大家对基本体的投影有了初步的了解。

大家在这部分内容的学习中要熟练绘制基本体三视图。熟悉其上线、面的投影。借助于立体图或实物,我们分析投影,把立体上的点与画出物体的三视图对照。这些最基础的知识我们一定要非常熟练掌握。

这些知识是我们以后学习切割体、相贯体、组合体的基础,大家一定要多多地画图、思考。

第 3 章 切割体

零件上我们常看到的是被平面切割的基本体,被切割的立体称为截断体,如图 3-1 所示。截切立体的平面称为截平面。截平面与立体表面的交线称为截交线。任何基本体的截交线都是封闭的平面图形。截交线是截平面与立体表面的共有线。

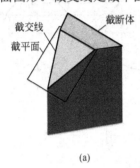
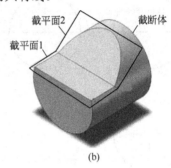

(a)　　　　　　　　　　(b)

图 3-1

3.1　平面体的截交线

平面体的表面是由多个平面所组成,所有它的截交线是由直线所组成的封闭的平面多边形。

例 1　试求三棱柱被正垂面截切后的视图。

分析:如图 3-2(b)所示,截平面与三棱柱的最左棱线产生一个交点,截平面与三棱柱的顶面产生一条交线。截平面为正垂面,正面投影积聚为线,另两投影为类似形。

作图:① 因截平面为正垂面,正面投影积聚为线,可在其上直接找到截交线上点的正面投影 1′、2′(3′)。

这里正确选取点的数量很重要。正确选取的方法就是要仔细分析截平面与立体是面、线相交产生点,还是面、面相交产生线。产生点就取一个点,产生线就取两个点。

② 根据点的投影规律,长对正找到 1,由于截平面与立体顶面产生的交线正面投影积聚为点。水平投影一定是反映实长的直线。长对正找到水平投影 2、3 并连接画出直线。

③ 根据点的投影规律,高平齐、宽相等找到侧面投影 1″、2″、3″并连接画出平面形。我们看到与正垂面积聚投影长对正的是三角形 123。根据投影面垂直面的投影特性,左视图的投影一定为与截平面主视投影高平齐,与俯视三角形宽相等的三角形。即三角形 1″2″3″。

④ 处理轮廓线,由主视可以看出点 1 上方的最左棱线被切去了,所以左视中 1″上方的最左棱线的投影要擦去。

例 2　画出平面切割体的视图。

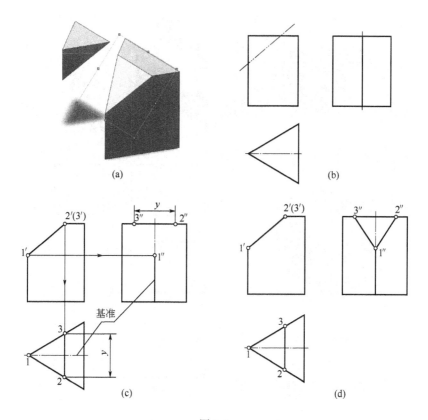

图 3-2

分析：如图 3-3（a）所示，多个截平面切割长方体。正垂面切割：正面投影积聚为线，另两投影为类似形。正平面切割：侧面投影积聚为直线，正面投影反映实形，水平投影积聚为直线。水平面切割：侧面投影积聚为直线，水平投影反映实形，正面投影积聚为直线。

作图：① 观察立体发现所绘制物体为长方体切割而成。首先绘制长方体三视图，投影为三个矩形线框。

② 根据截平面为正垂面，正面投影积聚为线，该面与物体顶面（为水平面）产生交线。交线的正面投影积聚为点，长对正在水平投影画出反映实形的直线。该面与物体左端面（为侧平面）产生交线。交线的正面投影积聚为点，高平齐在侧面投影画出反映实形的直线。

③ 根据左视图反映切口特征，知道物体又被一个正平面和一个水平面切割。根据左视图切口可知水平截平面一定是从左到右切通立体。因此高平齐在主视画出其积聚为直线的投影，再根据长对正、宽相等找到其反映实形的矩形线框。

这里利用水平面正面投影积聚为直线且左右贯通很重要。还要注意一个面的投影为一个线框。

④ 根据投影面平行面的投影规律，高平齐可在主视找到直角四边形为侧平面的正面投影，长对正、宽相等找到其积聚为直线水面投影。根据投影面垂直面的投影特性我们检查是否作图正确。主视图正垂面投影积聚为一条斜线，长对正在俯视找到一个 L 形线框，高平齐、宽相等在左视找到 L 形线框的类似形。如找不到符合三等关系的类似形，说明作图错误。

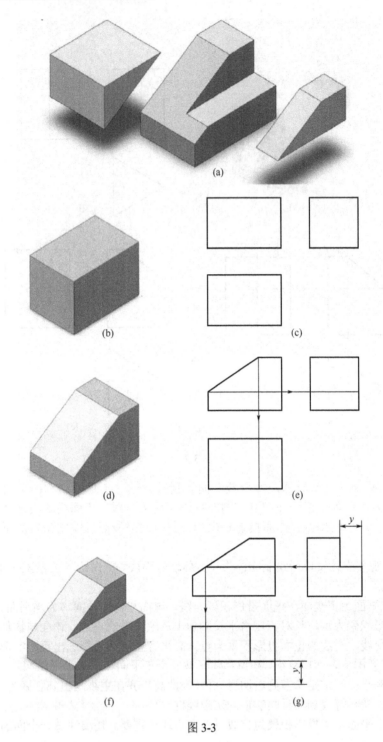

图 3-3

例 3 画出平面切割体的视图。

分析：如图 3-4（a）所示，多个截平面切割六棱柱体。正垂面切割：正面投影积聚为线，另两投影为类似形。侧平面切割：正面投影积聚为直线，侧面投影反映实形，水平投影积聚为直线。水平面切割：正面投影积聚为直线，侧面投影积聚为直线，水平投影反映实形。

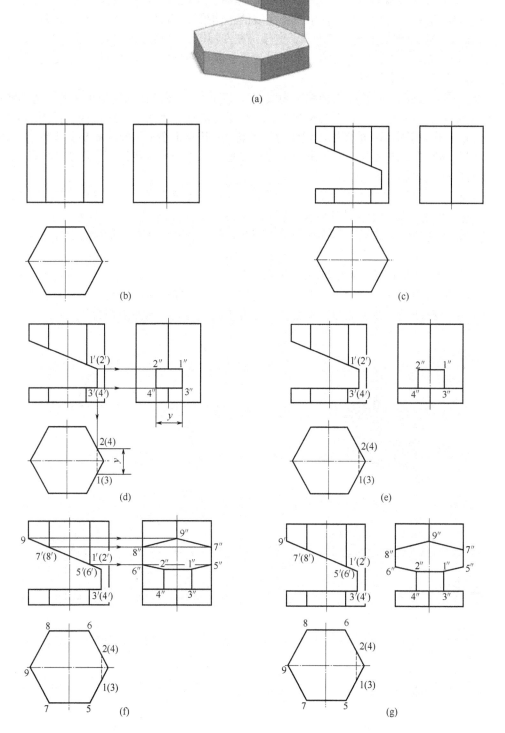

图 3-4

作图：① 观察立体发现所绘制物体为六棱柱体切割而成。首先绘制六棱柱体三视图，水平投影为正六边形线框，正面投影为三个矩形，侧面投影为两个矩形。绘制左视时要注意宽相等的度量。

② 根据主视图反映切口特征，知道物体被一个正垂面、一个水平面和一个侧平面切割。根据主视图切口可知截平面一从前到后切通立体。为了简化作图我们先找截平面之间的交线。三个截平面产生两条交线。在主视中找到交线的正面投影 1′(2′)、3′(4′)，长对正找到交线水平投影为 12、34 连接的虚线，高平齐、宽相等在左视图中找到交线的侧面投影 1″2″、3″4″。截平面为侧平面的正面投影为直线，水平投影为俯视图中虚线，左视图投影就是与主视图直线高平齐、与俯视图虚线宽相等的矩形。

③ 截平面为水平面，正面投影积聚为线，长对正在水平投影找到反映实形的 7 边形线框。该线框宽度就是物体的宽度。因此左视投影为高平齐的从前到后的直线直线。见图 3-4（e）。

④ 截平面为正垂面，正面投影积聚为一条斜线。长对正在水平投影找到其投影为 7 边形线框。因此高平齐、宽相等在左视画出类似形线框。为作图准确我们不太熟练时一般标注出截平面与棱柱棱线的交点。

⑤ 处理轮廓线，由主视图可以看出点 9′到水平面之间的最左棱线被切去了，所以左视图中 9″到水平面之间的最左棱线的投影要擦去。立体的前面被切割为上下两部分。我们知道立体的前面为正平面。其左视图投影积聚为直线。现在该平面在左视图中被分为上下两段直线。上面一段由 5″向上，下面一段由水平面向下。

例 4 试求三棱锥被正垂面截切后的视图。

分析：如图 3-5（b）所示，截平面与三棱柱的最左棱线产生一个交点，截平面与三棱柱的棱面产生一条交线。截平面为正垂面，正面投影积聚为线，另两投影为类似形。

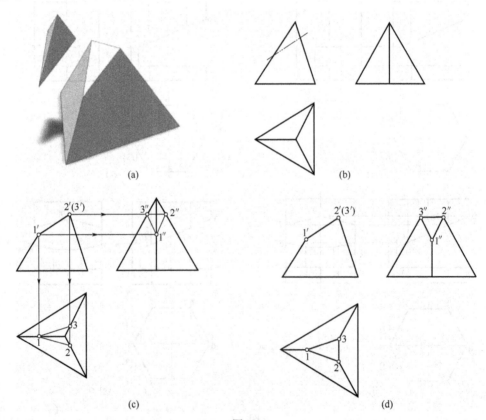

图 3-5

作图：① 因截平面为正垂面，正面投影积聚为线，可在其上直接找到截交线上点的正面投影 1′、2′(3′)。

这里正确选取点的数量很重要。正确选取的方法就是要仔细分析截平面与立体是面、线相交产生点，还是面、面相交产生线。产生点就取一个点，产生线就取两个点。

② 根据点的投影规律，长对正找到 1，由于截平面与立体棱面产生的交线正面投影积聚为点。水平投影一定是反映实长的直线。长对正找到水平投影 2、3 并连接画出直线。

③ 根据点的投影规律，高平齐、宽相等找到侧面投影 1″、2″、3″并连接画出平面形。我们看到与正垂面积聚投影长对正的是三角形 123。根据投影面垂直面的投影特性，左视图的投影一定为与截平面主视图投影高平齐，与俯视图三角形宽相等的三角形，即三角形 1″2″3″。

④ 处理轮廓线，由主视可以看出点 1 上方的最左棱线被切去了，所以左视中 1″上方的最左棱线的投影要擦去。

例 5　试求三棱锥被截切后的视图。

分析：如图 3-6（b）所示，有两个截平面截切三棱柱。水平面切割：正面投影积聚为直

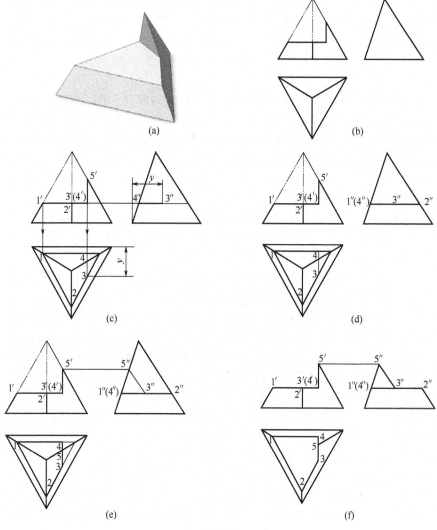

图 3-6

线，侧面投影积聚为直线，水平投影反映实形。侧平面切割：正面投影积聚为直线，水平投影积聚为直线，侧面投影反映实形。

作图：① 我们知道如果用一个与三棱锥底面平行的平面切断三棱锥，上面被切掉部分仍为三棱锥，剩余部分为三棱台。见图 3-7。我们看到三棱台的上面各边与底面各边对应平行。这样就可以利用平行性在三棱锥上取点。

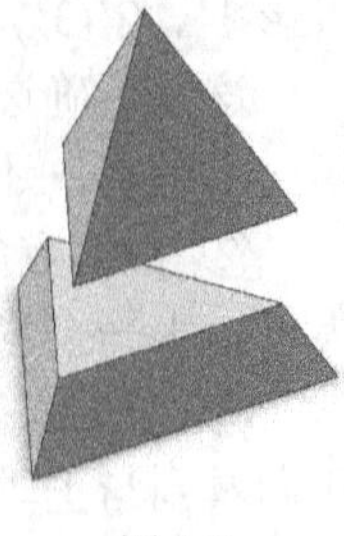

首先将水平面看成切断三棱锥，这样长对正找到水平面与三棱锥左边棱线的交点 1，过 1 点作底边后面直线的平行线，交三棱锥右边棱线于一点。过 1 点作左底边线的平行线，交前面棱线于 2 点。过 2 点作底面右边直线的平行线。这样得到相当于三棱台顶面的三角形。两个截平面的交线即在水平面上又在三棱锥面上，所有长对正在俯视所作三角形上找到 34 直线投影。宽相等找到侧面投影。

图 3-7

② 根据水平面正面投影积聚为直线，长对正在水平投影上找到反映其实形的四边形线框，该线框前面在前面棱线上，后面在后面棱面上。后面棱面的左视投影积聚为一条斜线。因此高平齐画出积聚为直线的水平面的侧面投影。

③ 侧平面的截平面，其正面投影、水平投影都积聚为直线，左视图的投影一定为与截平面主视图投影高平齐，与俯视图直线宽相等的三角形，即三角形 3″4″5″。

④ 处理轮廓线，俯视水平面投影为一个线框，因此该线框内的三条棱线的投影要擦去。侧面 2″上面的前面棱线被切掉要擦去。切割后立体的高点为 5 点，所以 5″点上方部分的轮廓线要擦去。

平面立体切割首先画出截平面之间的交线可以有效简化作图。在此基础上熟练运用投影面平行面、投影面垂直面的投影特性提高作图效率、检验作图的正确性。如果这部分内容学习有困难可以用橡皮泥等材料自己动手制作简单模型，把立体和平面结合分析、反复思考。空间思维能力和想象能力的建立是渐进的过程，多实践、多分析思考是必须做的工作。

例 6 补画平面切割体视图中的漏线。

分析：如图 3-8（a）所示，观察已知三视图可知该立体为长方体的切割体。由主视图看出被立体一个正垂面切割，由俯视图看出被两个对称的铅垂面切割，左视图看出立体被两个对称的正平面和一个水平面切割。我们知道正放的长方体上前、后两面为正平面，左、右两面为侧平面，上、下两面为水平面。作图时要充分运用投影面平行面投影特性。投影面垂直面切割立体，作图时要充分利用其投影特性中的类似性。

作图：① 左视投影我们知道平行于长方体底面投影的线都是水平面的左视图投影。因此找到水平面 M_1、M_2、P 的侧面投影 m''_1、m''_2、p''。水平面正面投影积聚为直线，高平齐找到正面投影 $m'_1(m'_2)$、p'。长对正、宽相等在水平面画出三个矩形线框 p、m_1、m_2。

② 长方体前面为正平面，其水平投影积聚为直线。因此其正面投影为反映实形的线框。俯视投影看到切割立体的铅垂俯视投影积聚为斜线，铅垂面与前面正平面产生交线为铅垂线。水平投影积聚为一点，正面投影反映实长。因此长对正画出其正面投影。见图 3-8（c）。

③ 长方体左面为侧平面，其正面投影积聚为直线，水平投影积聚为直线。因此其侧面投影为反映实形的线框。高平齐、宽相等画出其为矩形线框的侧面投影。见图 3-8（d）。

④ 长方体被铅垂面切割，俯视投影积聚为斜线，正面投影为四边形线框。因此其侧面投影为类似的线框。正确画出类似形找对斜线很重要。1 点为斜线一个端点，它是侧平面的前、上角的点。由 1′长对正找到水平投影 1，高平齐、宽相等找到其侧面投影 1″。2 点是铅垂面与前面的交线上面的点。由 2′长对正找到其水平投影 2，高平齐、宽相等找到其侧面投影 2″。

连接 1″2″侧面斜线画出，这样类似形出现了。我们也可以用正垂面的类似形检查作图正确性。见图 3-8（e）。

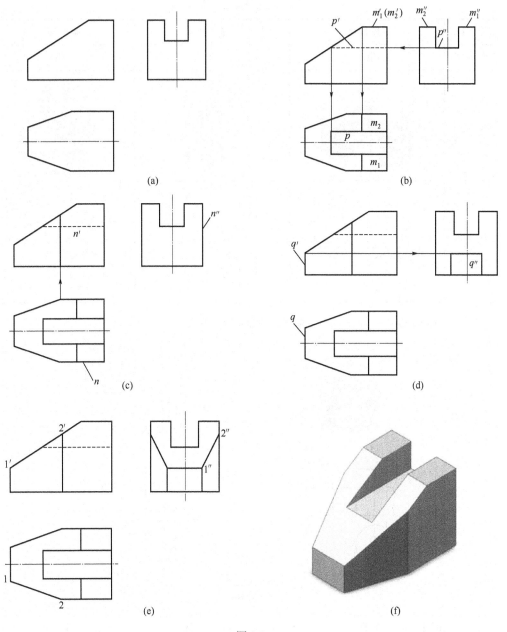

图 3-8

3.2 曲面体的截交线

3.2.1 圆柱的截交线

平面与圆柱相交时，根据截平面相对圆柱轴线的位置不同，其截交线有三种——矩形、圆、椭圆，如表 3-1 所示。

表 3-1　圆柱体的截交线

截平面的位置	平行于轴线	垂直于轴线	倾斜于轴线
截交线的形状	矩形	圆	椭圆
立体图			
投影图			

例 7　绘制如图 3-9（a）所示的圆柱切割体的投影图。

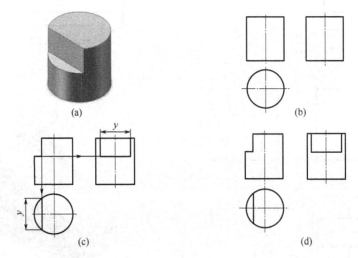

图 3-9

分析：如图 3-9（a）所示，该立体为圆柱体的切割体。由立体图看出圆柱被两个截平面截切。一个截平面与圆柱轴线平行，其与圆柱面的截交线为圆柱的素线，即平行圆柱轴线的直线。另一个截平面与圆柱轴线垂直，其与圆柱面的截交线为圆。

作图：① 由主视投影我们知道垂直于圆柱体轴线的截平面为水平面，其正面投影积聚为一条直线。水平投影长对正找到反映其实形的线框。高平齐、宽相等找到其侧面积聚为直线的投影。

② 由主视投影我们知道平行于圆柱体轴线的截平面为侧平面，其正面投影积聚为一条直线。水平投影长对正找到其积聚为直线的投影。高平齐、宽相等找到其侧面投影为反映实形

的矩形线框。见图 3-9（c）。

例 8　绘制如图 3-10（a）所示的圆柱切割体的投影图。

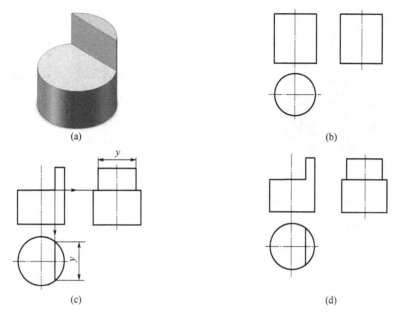

图 3-10

分析：如图 3-10（a）所示，该立体为圆柱体的切割体。由立体图看出圆柱被两个截平面截切。一个截平面与圆柱轴线平行，其与圆柱面的截交线为圆柱的素线，即平行圆柱轴线的直线。另一个截平面与圆柱轴线垂直，其与圆柱面的截交线为圆。

作图：① 由主视投影我们知道垂直于圆柱体轴线的截平面为水平面，其正面投影积聚为一条直线。水平投影长对正找到反映其实形的线框。高平齐、宽相等找到其侧面积聚为直线的投影。

② 由主视投影我们知道平行于圆柱体轴线的截平面为侧平面，其正面投影积聚为一条直线。水平投影长对正找到其积聚为直线的投影。高平齐、宽相等找到其侧面投影为反映实形的矩形线框。见图 3-10（c）。

③ 处理轮廓线，由于两个截平面截切了圆柱上部大半，水平截平面上方圆柱最前、最后素线要擦去，即轮廓线收缩。

例 9　绘制如图 3-11（a）所示的圆柱切割体的投影图。

分析：如图 3-11（a）所示，该立体为圆柱体的切割体。由立体图看出圆柱被七个截平面截切。其中四个截平面与圆柱轴线平行，其与圆柱面的截交线为圆柱的素线，即平行圆柱轴线的直线。另三个截平面与圆柱轴线垂直，其与圆柱面的截交线为圆。

作图：① 由主视投影我们知道垂直于圆柱体轴线的截平面为水平面，其正面投影积聚为一条直线。水平投影长对正找到反映其实形的线框。高平齐、宽相等找到其侧面积聚为直线的投影。

② 由主视投影我们知道平行于圆柱体轴线的截平面为侧平面，其正面投影积聚为一条直线。水平投影长对正找到其积聚为直线的投影。高平齐、宽相等找到其侧面为圆柱轴线平行的直线的投影。见图 3-11（c）。

③ 处理轮廓线，由于上面两个平行于圆柱轴线的截平面截切了圆柱上部中间部分，所以

圆柱上方部分的前、后轮廓线要擦去。在这里我们看到用平行圆柱轴线的平面切割圆柱体。切去一小部分，其轮廓线不变，切去大部分，其轮廓线收缩。

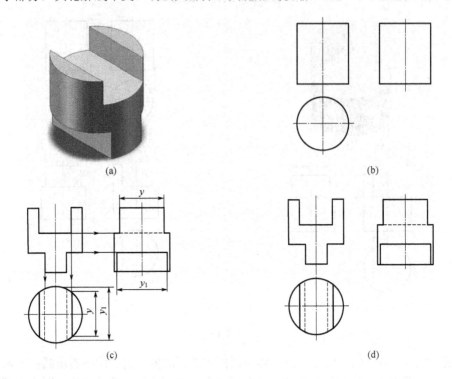

图 3-11

例 10 绘制如图 3-12（a）所示的圆柱切割体的投影图。

分析： 如图 3-12（a）所示，该立体为圆柱体的切割体。由立体图看出圆柱被一个正垂面截切。其正面投影积聚为一条斜线，其水平投影在圆柱面有积聚投影的圆周上，其侧面投影为椭圆。

作图： ① 求特殊位置点。即圆柱的左、右、前、后轮廓素线与截平面的交点 1、2、3、4。1 点在最左素线上，由其正面投影 1′，长对正找到其水平投影 1，高平齐、宽相等在左视图点画线上找到其侧面投影 1″。同样找最右素线上的 2 点。由于圆柱最前、最后素线的正面投影在主视图点画线上，所以在主视图取它们的正面投影 3′(4′)，长对正在最前面找到 3，在最后面找到 4，高平齐、宽相等在左视图最前素线找到 3″，在最后素线找到 4″。见图 3-12（d）。

② 求一般位置点。为了光滑连接曲线，在特殊点之间取适量的一般位置点。由于截交线的正面投影积聚在截平面上，在其上取的点即为截交线上的点。取一般位置点的正面投影 5′(6′)、7′(8′)，因为截交线的点在圆柱面上，所以长对正它们的投影一定在圆周上，在圆周上找到 5、6、7、8。高平齐、宽相等在左视找到 5″、6″、7″、8″。见图 3-12（e）。

③ 光滑连接。将上述各点的侧面投影按水平投影的顺序连成光滑的椭圆曲线。

④ 处理轮廓线，加深图形。由于左视轮廓为圆柱最前、最后素线和上、下平面的侧面投影。在主视我们看到最前、最后素线高点在 3′(4′)，所以左视 3″、4″上方的轮廓线要擦去。

例 11 绘制如图 3-13（a）所示的圆柱切割体的投影图。

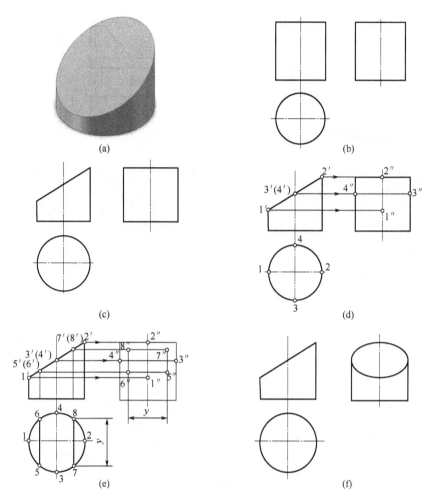

图 3-12

分析：如图 3-13（a）所示，该立体为圆柱体的切割体。由立体图看出圆柱被一个水平面和一个正垂面截切。水平面正面投影积聚为一条直线，其水平投影为矩形，其侧面投影积聚为直线。正垂面正面投影积聚为一条斜线，其水平投影为椭圆，侧面投影在圆周上。

作图：① 先求截平面之间的交线。主视图中截平面之间的交线积聚为一点，其正面投影 1'(2')。截交线上的点也是圆柱面上的点，高平齐在左视图圆周上找到它们的侧面投影 1″、2″。长对正、宽相等在俯视图找到 1、2 并连接成直线。见图 3-13（b）。

② 画出水平截平面的水平投影矩形。由于水平截平面在左边。所以矩形线框由 1、2 向左画出。见图 3-13（c）。

③ 画出正垂截平面的水平投影椭圆特殊位置点。由于正垂截平面没有完全切断圆柱。所以水平投影为部分椭圆。截平面与最上素线产生交点，其正面投影 5'，长对正在水平投影的点画线上找到 5。截平面与最前、最后素线产生交点，它们的正面投影 3'(4')，长对正在水平投影的最前、最后素线上找到 3、4。见图 3-13（d）。

④ 画出正垂截平面的水平投影椭圆的一般位置点。由于正垂截平面产生的截交线的正面投影积聚在截平面上，在其上取的点即为截交线上的点。取一般位置点的正面投影 6'(7')，因为截交线的点在圆柱面上，所以高平齐它们的投影一定在圆周上，在圆周上找到 6″、7″。长对正、宽相等在俯视图找到 6、7。见图 3-13（e）。

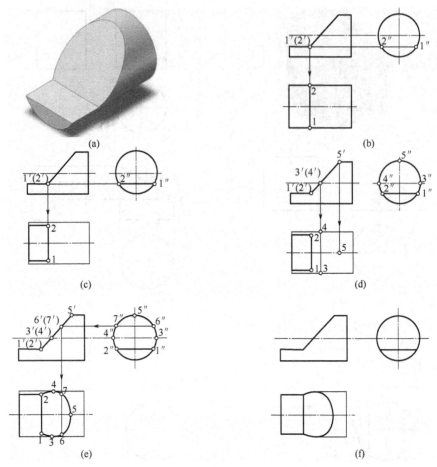

图 3-13

⑤ 光滑连接。将上述各点的水平投影按侧面投影的顺序连成光滑的椭圆曲线。

⑥ 处理轮廓线,加深图形。由于主视图水平截交线切去圆柱的大半,所有水平投影为轮廓收缩的矩形。在主视图我们看到最前、最后素线最左点在 3′(4′),所以水平投影 3、4 左方的轮廓线要擦去。

3.2.2 圆锥的截交线

平面与圆锥相交时,根据截平面相对圆锥轴线的位置不同,其截交线有五种不同的形状,即圆、过锥顶的两相交直线(三角形)、椭圆、抛物线、双曲线,如表 3-2 所示。

表 3-2 圆锥体的截交线

截平面的位置	垂直于轴线	过锥顶	平行于素线	与圆锥面上所有素线相交	平行于轴线
截交线的形状	圆	三角形	抛物线	椭圆	双曲线
立体图					

续表

截平面的位置	垂直于轴线	过锥顶	平行于素线	与圆锥面上所有素线相交	平行于轴线
截交线的形状	圆	三角形	抛物线	椭圆	双曲线
投影图					

例 12 绘制如图 3-14（a）所示的圆锥切割体的投影图。

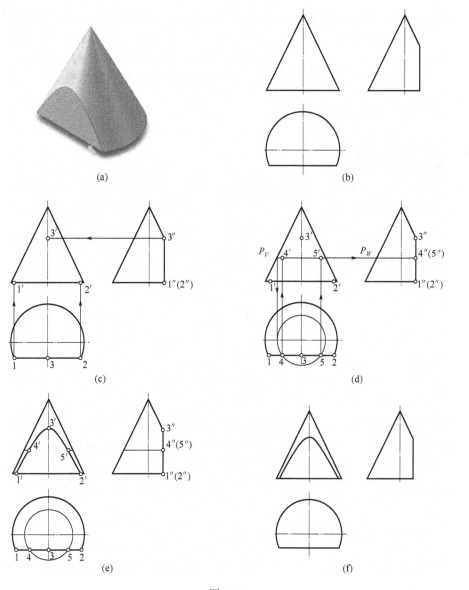

图 3-14

分析：如图 3-14（a）所示，该立体为圆锥体的切割体。由立体图看出圆锥被一个正平面截切，该平面平行于圆锥体轴线，所以截交线为双曲线。其侧面投影积聚为直线，其水平投影也积聚为一条直线，正面投影反映双曲线的实形。

作图：① 先求特殊位置点。左视图中截平面积聚为直线，其侧面投影与圆锥最前素线产生交点 3″，该点水平投影 3 在竖直点画线与截平面相交处。截平面与圆锥底面产生交线 1″(2″)，水平投影 1、2 在底圆与截平面相交处。长对正、高平齐找到它们的正面投影 3′、1′、2′。见图 3-14（c）。

② 再找一般位置点。由于圆锥面投影没有积聚性，其上找点要用辅助平面法。

辅助平面的选取：应使辅助平面与立体产生的截交线为简单形状即为直线或圆。选水平面 P 为辅助平面，其侧面投影、正面投影均积聚为直线。其水平投影反映实形，在俯视反映为圆。见图 3-15。要正确量取该圆的半径。该圆的半径就是主视中点画线到圆锥最左素线的距离。即点画线到轮廓线的距离。辅助平面与圆锥的截交线和截平面交与两点 4、5。辅助平面和截平面左视投影产生两交点 4″(5″)。高平齐、长对正找到正面投影 4′、5′。见图 3-14（d）。

③ 光滑连接。将上述各点的水平投影按侧面投影的顺序连成光滑的椭圆曲线。见图 3-14（e）。

④ 整理图形。见图 3-14（f）。

图 3-15

3.2.3 圆球的截交线

任何位置的截平面截切圆球时，其截交线都是圆。当截交线平行于某一投影面时，截交线在该投影面上的投影反映实形为圆。其余两个投影积聚为直线。见图 3-16。

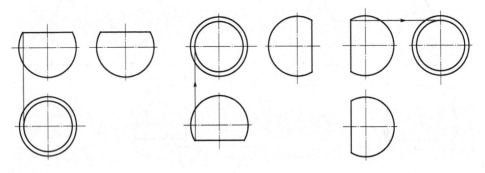

图 3-16

例 13　绘制如图 3-17（a）所示的圆球切割体的投影图。

分析：如图 3-17（a）所示，该立体为圆球体的切割体。由立体图看出圆柱被一个水平面和两个侧平面截切。它们的正面投影均积聚为直线。水平面的水平投影反映实形为带圆弧的线框，其侧面投影积聚为直线。两侧平面侧面投影反映实形为圆弧，水平投影积聚为直线。见图 3-17（b）。

作图：① 求水平截平面截切交线。主视中截平面投影积聚为直线。俯视投影反映实形。关键是找该截切圆球的半径，即点画线到轮廓线的距离。以该半径水平投影画圆。侧面投影积聚为直线。由于球体切槽，所以该线有一部分为虚线。虚线宽度即水平截平面和侧平截平面的交线宽度。见图 3-17（c）。

② 画出侧平截平面的截交线。由于侧平截平面在左视投影反映实形，以其主视投影点画

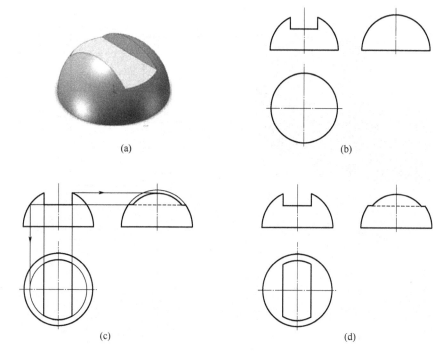

图 3-17

线到轮廓线为半径,在左视画出与其等高的圆弧。侧平截平面水平投影积聚为直线,该线与其左视线框等宽,即长对正与水平截平面水平投影圆的交线。

③ 处理轮廓线,加深图形。由于球体开槽切去部分左右转向轮廓线,所以侧面投影的轮廓收缩。

例 14 绘制如图 3-18(a)所示的复合回转体切割体的投影图。

分析:如图 3-18(a)所示,该立体是由同轴的半球、小圆柱和大圆柱组成。由立体图看出该立体上部被一个水平截平面和一个正垂截平面切去一部分。它们的正面投影均积聚为直线。水平截平面同时截切了半球、小圆柱、大圆柱。因此绘制截交线时要分段绘制。由于该截平面与轴线平行,其与半球的截交线水平投影为圆;其与小圆柱的水平投影为素线;其与大圆柱的水平投影也为素线。其侧面投影积聚为直线。正垂截平面与轴线倾斜且只截切了大圆柱,水平投影为椭圆,侧面投影截交线积聚在圆周上。

作图:① 求水平截平面截切交线。主视中截平面投影积聚为直线。俯视投影反映实形。该面截切半圆球截交线的半径,即点画线到轮廓线的距离。以该半径水平投影画半圆。该面截切小圆柱截交线为素线,因为半球的直径与小圆柱的直径相同,所以截交线素线的宽度与半圆的宽度相等,在小圆柱部分画出。该面截切大圆柱截交线为素线,该宽度尺寸要在左视大圆上度量,见图 3-18(c)。水平截平面的水平投影反映实形为一线框,长对正画出水平截平面和正垂截平面的交线的水平投影,即连接素线的直线,实现线框封闭。同时擦去开始作图前画出的立体轮廓交线。

② 画出正垂截平面的截交线。由于正垂截平面在主视投影积聚为线,侧面投影侧面投影截交线积聚在圆周上,因此作图仅需画出水平的椭圆即可。按照找特殊位置点;找一般位置点;光滑连接的步骤绘制。见图 3-18(d)。

③ 处理轮廓线,加深图形。由于水平截平面切去部分小圆柱和大圆柱相交的轮廓线,所以该轮廓线下面的投影画成虚线。

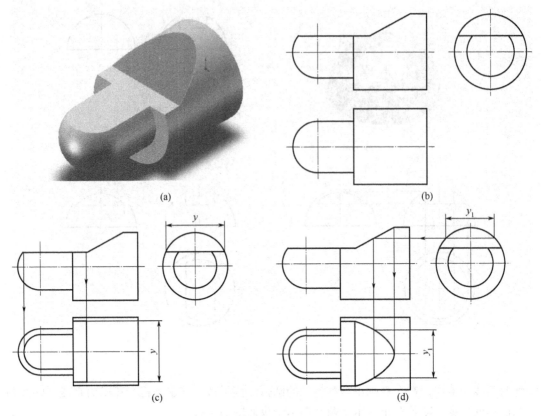

图 3-18

  这部分内容的学习中要熟练绘制基本体三视图。熟悉其上线、面的投影。借助于立体图或实物，分析投影，正确在立体上找点。如果立体被多个平面截切，找出截平面之间的交线会对作图有很大的帮助。如果学习过程中感到困难，可以用纸壳、橡皮泥等材料自己动手制作模型，将立体和投影图对照，反复分析、想象、思考。空间思维和空间想象能力的培养没有捷径，多想、多练才是正途。

第 4 章 相贯体

零件上我们常看到相交的基本体（图 4-1）。立体与立体相交其表面会产生交线，该交线称为相贯线，相交的立体称为相贯体。相贯线一般情况下为封闭的空间图形。相贯线是两立体表面的共有线，也是两立体表面的分界线，因此相贯线是相交两立体表面上一系列共有点的集合。

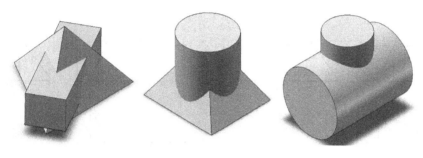

图 4-1

4.1 平面体与平面体相交

平面立体与平面立体的交线实际上是平面与平面相交的交线，为空间折线。

求解平面立体与平面立体相贯线方法有两种：交点法和交线法。

交点法：求出两立体中所有参与相贯的棱线与另一立体棱面的贯穿点。可归结为求解直线与平面的交点。

交线法：直接求出两平面立体棱面的交线。

连点的原则：连点时，只有当两个折点对每一个立体来说都位于同一棱面上才能相连接（同一折点不能连三条相贯折线）。

判别相贯线的可见性：

由相贯线所在的棱面的可见性决定，两个都可见的棱面相交出的相贯线才可见，只要有一个棱面是不可见的，则为不可见。

例 1 试求垂直于侧面的长方体和正三棱锥相贯线。

分析：如图 4-2（b）所示，长方体与三棱锥完全相贯，由于长方体比较小，所以有左右两组相贯线。这里采用交点法，求四棱柱的四条棱线及三棱锥的左边棱线共 10 个贯穿点。

作图：① 因长方体上、下两面为水平面，可利用平行线法求交点。由主视中三棱锥左边棱线与水平面的交点处，长对正找到三棱锥左边棱线在水平投影的上、下两个交点，做出两个与底边类似的三角形。在上面的三角形上找到长方体上面两条棱线与之交点 4 个。同样在下面的三角形上找到长方体下面两条棱线与之交点 4 个。

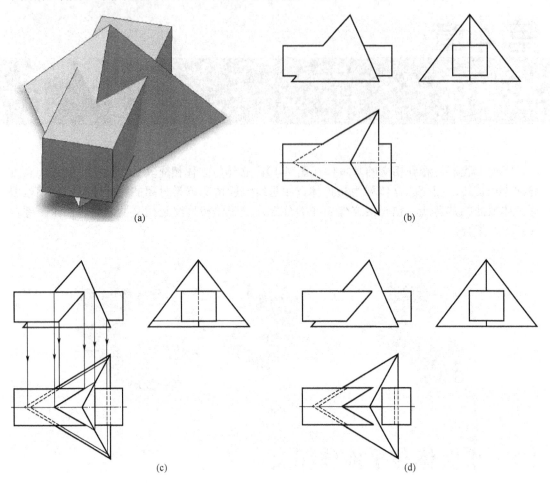

图 4-2

② 连点并判断可见性。连点时注意：所连两点即在一个立体的一个棱面上，又在另一个立体的一个棱面上时，才可用直线将它们相连成线。可见性的判断:两个都可见的棱面相交出的相贯线才可见，只要有一个棱面是不可见的，则为不可见。

③ 处理轮廓线。由主视可以看出三棱锥左边棱线被切一部分，所以俯视中没有切去的上面部分画实线，下面部分画虚线。注意：两立体相交大家要有融合的思想，相交部分融合为一体，所以不要在融合部分的画虚线。

4.2 平面体与曲面体相交

平面立体与曲面立体的交线实际上是平面与曲面相交的截交线，其相贯线有若干平面曲线（或直线段）构成的空间曲线组成。

求解平面立体与曲面立体相贯线一般是求作：
① 平面与曲面立体的截交线；
② 棱线与曲面立体的贯穿点或曲面立体的素线与平面立体棱面的贯穿点。

例 2 试求垂直于水平面的圆柱和四棱锥相贯线。

分析：如图 4-3（b）所示，圆柱与四棱锥相贯，由于圆柱比较小，所以相贯线水平投影在圆周上。四棱锥四个棱面两个为正垂面，两个为侧垂面。相贯线相当于平面斜切圆柱，交线为椭圆。因为只画出主、俯两个视图，只需在主视图中画出侧垂面与圆柱的相贯线。

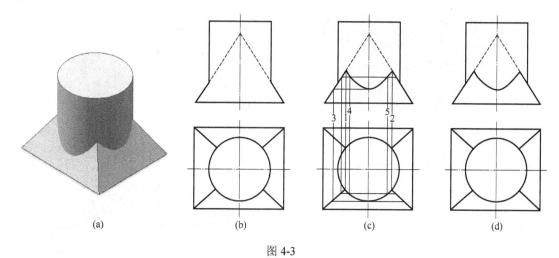

图 4-3

作图：① 找特殊位置点。因主视图中四棱锥左右两个棱面为正垂面，其水平投影的线框为带圆弧、斜线的四边形。长对正由两条投影线 1、2 找到棱面的高端，此处也为侧垂棱面的高端，即相贯线的高点。相贯线为两立体表面共有点。利用平行线作图，在水平投影作与圆弧相切与最前底边线平行的直线，长对正由投影线 3 找到所作线的位置并画出与底边平行的线交主视点画线于一点，这点为相贯线的最低点。

② 找一般位置点。用辅助平面法。假想我们用正平面截切立体，其水平投影积聚为直线，正面投影切圆柱得到两条素线即与投影线 4、5 长对正的素线。切四棱锥得到与底边平行的直线。它们的交点为一般位置点。

③ 光滑连接并处理轮廓线。把特殊位置点和一般位置点按顺序光滑相连。主视图补上正垂面的投影。

4.3 曲面体与曲面体相交

两回转体相交时，它们的相贯线一般为封闭的空间曲线，只有在特殊情况下才是平面曲线或直线。相贯线上的点是两回转体表面的共有点。

4.3.1 圆柱与圆柱相交

（1）两圆柱不等直径正交

例 3 试求不等直径正交两圆柱相贯线。

分析：如图 4-4（b）所示，小圆柱与大圆柱正交相贯。小圆柱轴线垂直于水平面，大圆柱轴线垂直于侧面。相贯线是两圆柱面上的共有点的集合，由于小圆柱比较小，所以相贯线水平投影积聚在小圆柱水平投影的圆周上。相贯线左视投影积聚在小圆柱轮廓线之间的大圆柱的圆弧上，这样只需在主视画出相贯线的投影。

作图：① 找特殊位置点。水平投影中在小圆柱上取最左点 1、最右点 2、最前点 3、最

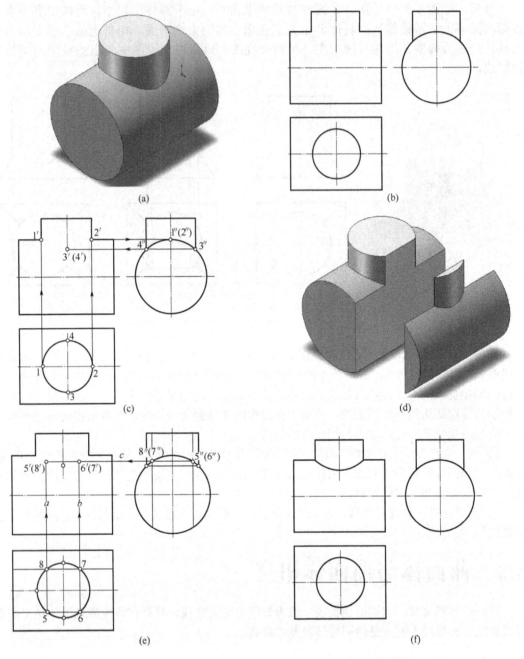

图 4-4

后点 4。这四个点是相贯线上的点。点 1 为小圆柱的最左素线上的点,同时为大圆柱最上素线上的点。点 2 为小圆柱的最右素线上的点,同时为大圆柱最上素线上的点。长对正、高平齐找到它们的另两投影。点 3 为小圆柱的最前素线上的点,为大圆柱面上一般位置点。点 4 为小圆柱的最后素线上的点,为大圆柱面上一般位置点。在左视投影中为小圆柱最前、最后素线的投影与圆弧的交点 3″、4″。高平齐在主视点画线上找到它们的投影 3′(4′)。

② 找一般位置点。用辅助平面法。假想用正平面截切立体,其水平投影、侧面投影均积

聚为直线，正面投影切小圆柱得到两条素线即投影线 a、b。切大圆柱得到一条素线即投影线 c。它们的交点为一般位置点 5′(8′)、6′(7′)。

③ 光滑连接。按各点水平投影的顺序，把各点正面投影光滑相连。

两圆柱正交相贯是零件上的常见结构。它有以下三种不同的形式：外表面与外表面相贯，外表面与内表面相贯，内表面与内表面相贯。见图 4-5。

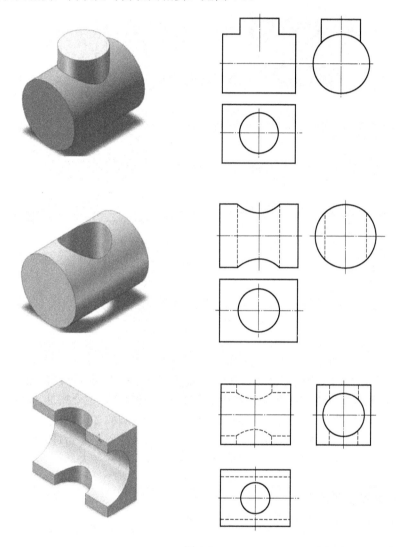

图 4-5

例 4 试求不等直径正交圆柱相贯线。

分析：如图 4-6（b）所示，轴线垂直于水平面的圆柱 1 与轴线垂直于正面的圆柱 2 正交相贯；轴线垂直于水平面的圆柱 1 与轴线垂直于侧面的圆柱 3 正交相贯；轴线垂直于正面的圆柱 2 与轴线垂直于水平面的圆柱 4 正交相贯；轴线垂直于侧面的圆柱 3 与轴线垂直于水平面的圆柱 4 正交相贯。

作图：① 轴线垂直于水平面的圆柱 1 与轴线垂直于正面的圆柱 2 正交相贯。圆柱 1 水平投影为圆，圆柱 2 正面投影为圆，因此在左视画出相贯线。轴线垂直于水平面的圆柱 1 与轴线垂直于侧面的圆柱 3 正交相贯。圆柱 1 水平投影为圆，圆柱 3 侧面投影为圆，因此在主视

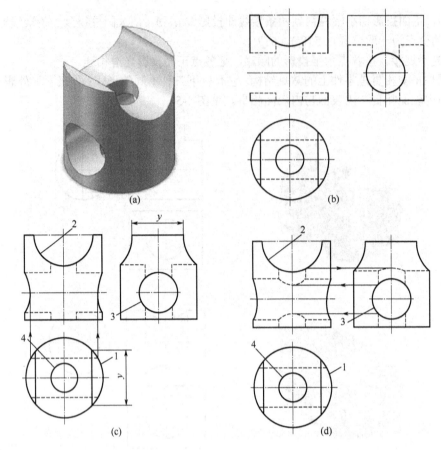

图 4-6

画出相贯线。相贯线的趋势是小欺大，因此相贯线都向圆柱 1 的线框内弯曲。

② 轴线垂直于正面的圆柱 2 与轴线垂直于水平面的圆柱 4 正交相贯。圆柱 2 正面投影为圆，圆柱 4 水平投影为圆，因此在左视画出相贯线。因为圆柱 2 大，相贯线向圆柱 2 的线框弯曲。轴线垂直于侧面的圆柱 3 与轴线垂直于水平面的圆柱 4 正交相贯。圆柱 3 侧面投影为圆，圆柱 4 水平投影为圆，因此在主视画出相贯线。因为圆柱 3 大，相贯线向圆柱 3 的线框弯曲。

（2）两圆柱等直径相交

两圆柱等直径相交，相贯线投影为直线。见图 4-7。

4.3.2　圆柱与圆锥正交

圆柱与圆锥正交时，相贯线为封闭的空间曲线。

例 5　试求圆柱与圆锥正交相贯线。

分析：如图 4-8（b）所示，小圆锥与大圆柱正交相贯。小圆锥轴线垂直于水平面，大圆柱轴线垂直于侧面。相贯线是两立体表面上的共有点的集合，由于圆柱比较大，所以相贯线侧面投影积聚在小圆锥轮廓线之间的大圆柱的圆弧上。由于圆柱、圆锥面在主、俯视图上投影都没有积聚性，这样需在主视图、俯视图画出相贯线的投影。

作图：① 找特殊位置点。侧面投影中在大圆柱上取最高点 1″(2″)、最前点 3″、最后点 4″。

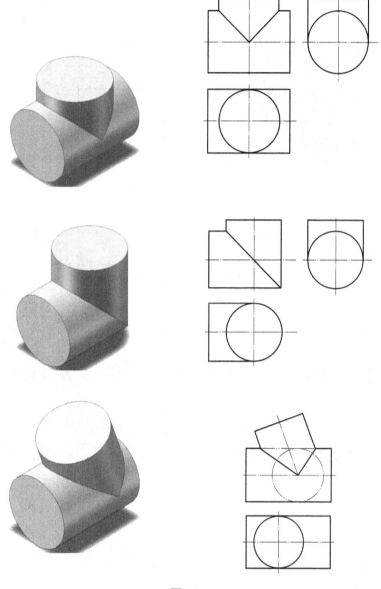

图 4-7

这四个点是相贯线上的点。点 1 为小圆锥的最左素线上的点,同时为大圆柱最上素线上的点。点 2 为小圆锥的最右素线上的点,同时为大圆柱最上素线上的点。高平齐找到它们的正面投影 1′、2′。点 3 为小圆锥的最前素线上的点,为大圆柱面上一般位置点。点 4 为小圆锥的最后素线上的点,为大圆柱面上一般位置点。高平齐在主视点画线上找到它们的投影 3′(4′)。宽相等、长对正在俯视找到它们的水平投影 3、4。

② 找一般位置点。用辅助平面法。假想我们用水平面截切立体,其正面投影、侧面投影均积聚为直线,辅助平面切大圆柱得到两条素线。切小圆锥得到圆。切圆柱得到的截交线素线与切圆锥得到的截交线圆的交点为相贯线上的点,它们的水平投影为 5、6、7、8。长对正、高平齐找到它们的正面投影 5′(8′)、6′(7′)。

③ 光滑连接。按各点投影的顺序,把各点水平、正面投影光滑相连。

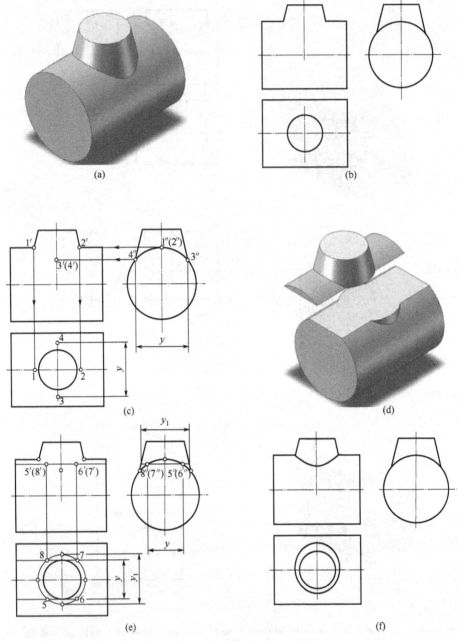

图 4-8

4.3.3 圆锥与圆球正交

圆锥与圆球正交一般情况下相贯线为封闭的空间曲线。

例 6 试求圆锥与半圆球相交的相贯线。

分析：如图 4-9（b）所示，圆锥与半圆球相贯。圆锥轴线垂直于水平面，且位于半圆球左边前后对称平面上。其相贯线为前后对称的封闭空间曲线。由于圆锥、半圆球面在主、俯、左三个视图上投影都没有积聚性，这样需在主视图、俯视图、左视图画出相贯线的投影。由于两相交立体都为曲面体，求相贯线需用辅助平面法。

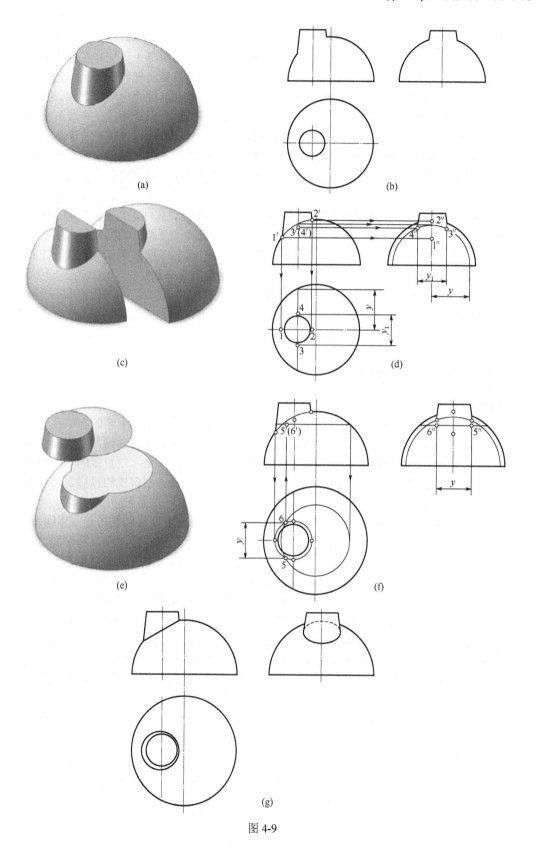

图 4-9

作图：① 找特殊位置点。圆锥轴线垂直于水平面，且位于半圆球左边前后对称平面上。因此点 1 为圆锥的最左素线上的点，同时为半圆球前后转向轮廓圆上。这样在主视找到它的正面投影 1′。点 2 为圆锥的最右素线上的点，同时为半圆球前后转向轮廓圆上。这样在主视找到它的正面投影 2′。点 3 为圆锥的最前素线上的点，为半圆球面上一般位置点。点 4 为圆锥的最后素线上的点，为半圆球面上一般位置点。由于圆锥面、圆球面在三个投影上都没有积聚性。因此需用辅助平面找点。过圆锥轴线取侧平面为辅助平面，该辅助平面交圆锥得到的截交线即为圆锥的最前、最后素线；同时该辅助平面交半圆球得到的截交线即为半圆。在左视上找到他们的交点 3″、4″。高平齐、宽相等在圆锥点画线上找到它们的正面投影和水平投影。

② 找一般位置点。用辅助平面法。假想我们用水平面截切立体，其正面投影、侧面投影均积聚为直线，辅助平面切圆锥得到一个圆。切半圆球得到一个圆。切圆锥得到的截交线圆与切半圆球得到的截交线圆的交点为相贯线上的点，它们的水平投影为 5、6。长对正找到它们的正面投影 5′(6′)。高平齐、宽相等找到它们的侧面投影 5″、6″。

③ 光滑连接并处理轮廓线。按各点投影的顺序，把各点水平、正面、侧面投影光滑相连。左视中圆锥的轮廓要画到 3″、4″处。半圆球被圆锥遮挡的轮廓为虚线。因为右半个圆锥面不可见，所以右半个相贯线不可见为虚线。

4.3.4 圆柱与圆柱偏交

例 7 试求圆柱与圆柱偏交的相贯线。

分析：如图 4-10（b）所示，圆柱与圆柱偏交。大圆柱轴线垂直于侧面，小圆柱轴线垂直于水平面。其相贯线为封闭空间曲线。由于大圆柱、小圆柱面在左、俯两个视图上投影都有积聚性。相贯线的水平投影在小圆柱的水平投影上即小圆周上，相贯线的侧面投影积聚在小圆柱轮廓线之间的大圆柱的圆弧上。这样只需在主视图画出相贯线的投影。用辅助平面法求一般位置点。

作图：① 找特殊位置点。小圆柱轴线垂直于水平面。点 1 为小圆柱的最左素线上的点，同时为大圆柱面上一般位置点。点 2 为小圆柱的最右素线上的点，同时为大圆柱面上一般位置点。在左视的点画线和大圆弧的交点上找到它们的侧面投影 1″(2″)。长对正、高平齐在主视图上找到它们的正面投影 1′、2′。点 3 为小圆柱的最前素线上的点，同时为大圆柱面上一般位置点。点 4 为小圆柱的最后素线上的点，同时为大圆柱面上一般位置点。在左视图的小圆柱最前、最后素线和大圆弧的交点上找到它们的侧面投影 3″、4″。长对正、高平齐在主视图上找到它们的正面投影 3′、4′。点 5 为大圆柱面的最上素线上的点，同时为小圆柱面上一般位置点。点 6 为大圆柱的最上素线上的点，同时为小圆柱面上一般位置点。在左视图的大圆柱点画线和大圆弧的交点上找到它们的侧面投影 5″、6″。长对正、高平齐在主视图上找到它们的正面投影 5′、6′。

② 找一般位置点。用辅助平面法。假想我们用正平面截切立体，其水平投影、侧面投影均积聚为直线，辅助平面切小圆柱得到两条素线。切大圆柱得到两条素线。切小圆柱得到的截交线素线与切大圆柱得到的截交线素线的交点为相贯线上的点，它们的水平投影为 7、8。宽相等找到它们的侧面投影 7″(8″)。长对正、高平齐找到它们的正面投影 7′、8′。

③ 光滑连接并处理轮廓线。按各点投影的顺序，把各点正面投影光滑相连。主视中小圆柱的最左、最右素线要画到 1′、2′处。大圆柱被小圆柱遮挡的最上素线为虚线并要画到 5′、6′处。因为小圆柱后半个圆柱面不可见，所以后半个相贯线不可见为虚线。

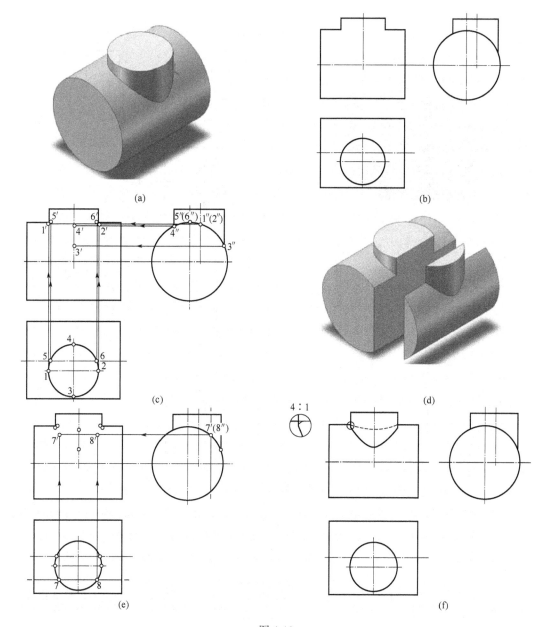

图 4-10

4.3.5 多形体正交

在画实际零件的图样时,由于零件的形体较多,交线也比较复杂,但作图的方法依然相同,重要的是掌握分析问题的方法。

例 8 试求多形体相交的相贯线。

分析: 如图 4-11(b)所示,形体由三个圆柱组成。两个圆柱轴线垂直于侧面,一个圆柱轴线垂直于水平面。其相贯线为封闭空间曲线。由于三个圆柱面在左、俯两个视图上投影都有积聚性。相贯线的水平投影在小圆柱的水平投影上即在小圆周上,相贯线的侧面投影积聚在小圆柱轮廓线之间的另两个圆柱的圆弧上。这样只需在主视画出相贯线的投影。作图时分段画出相贯线。

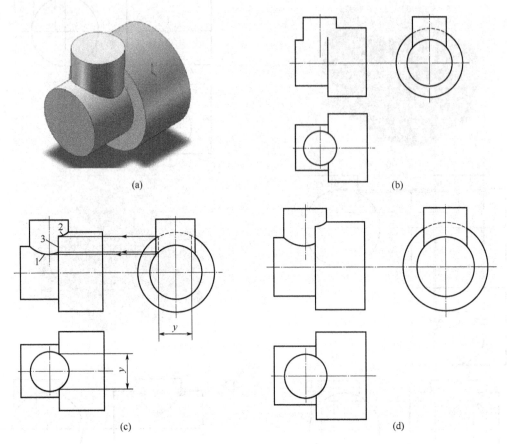

图 4-11

作图：① 找轴线垂直于水平面的圆柱与左边圆柱的相贯线。由左视图中水平圆柱最前、最后素线与左边圆柱投影圆弧交点位置，高平齐在主视图中找到它们的相贯线 1 的最低点，再由俯视投影它们右端宽相等，在左视图中找到交点，高平齐在主视图中找到正面投影，画出相贯线 1。

② 找轴线垂直于水平面的圆柱与右边圆柱的相贯线。由俯视投影它们右端宽相等，在左视图中找到交点，高平齐在主视图中找到正面投影即相贯线 2 的正面投影低点。画出相贯线 2。

③ 处理轮廓线。轴线垂直于侧面的两个圆柱共轴线叠加，相贯线为圆，投影为直线。完成相贯线 3。

4.3.6 相贯线的特殊情况

相贯线的特殊情况如图 4-12 所示。

① 当两个曲面体具有公共轴线时，相贯线为圆。当轴线垂直于某一投影面时，相贯线在该面的投影为圆，其余两个投影分别积聚为垂直于轴线的直线。

② 当圆柱与圆柱、圆柱与圆锥正交（或斜交）且具有公共内切球时，相贯线为椭圆，该椭圆在轴线所平行的投影面上积聚为直线，其它投影为椭圆或圆。

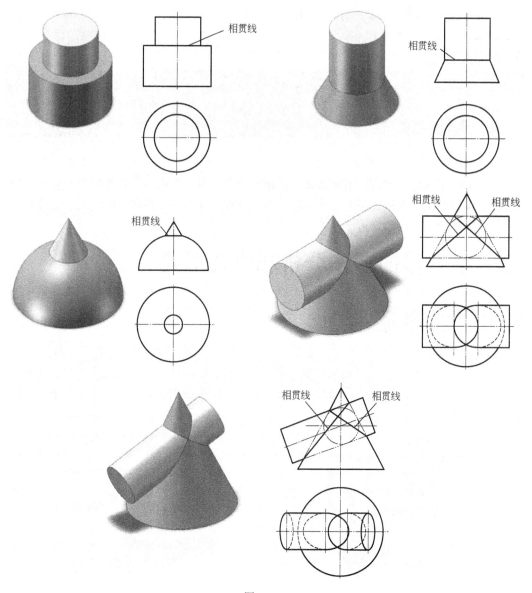

图 4-12

这部分内容的学习中要时刻牢记求相贯线的投影,实际是找两立体表面共有点的集合。所作的点一定同时在两个立体表面上。找特殊位置点前一定要认真分析投影,确保选对。相贯线一般为封闭的空间曲线,试图先想象出相贯线的形状再作图那是徒劳的。如果学习过程中感到困难,可以用纸壳、橡皮泥等材料自己动手制作模型,将立体和投影图对照,反复分析、想象、思考。

第 5 章 组合体

由若干个基本体（或切割后的基本体）按一定方式组合而形成的物体称为组合体。如何运用投影理论解决画图和看图的方法问题。提出两种基本方法：形体分析法和线面分析法。以形体分析法为主，线面分析法为辅。

5.1 组合体的形体分析和组合形式

5.1.1 组合体的形体分析

任何复杂的物体，从形体的角度看，都可以看成是由一些简单的基本体所组成。如图 5-1（a）所示的物体，可以把它分解为底板、圆筒、U 形柱、支撑板几个部分。底板是长方体上开矩形通槽并钻有小孔，圆筒是圆柱中钻孔，U 形柱中钻有孔，支撑板是由长方体挖切半圆柱形成。

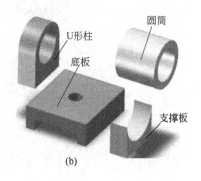

图 5-1

假想把一个复杂的物体分解成若干个基本体来分析的方法称为形体分析法。形体分析法是画图、看图、尺寸标注的基本方法。

5.1.2 组合体的组合形式和表面连接关系

组合体的组合形式通常分为叠加和切割两种形式。

叠加就是若干个基本体按一定方式"加"在一起（各个基本体以平面与平面相接触），切割则是从一个基本体中"减"去一些小基本体。

按组合体各个部分形体表面之间的连接方式的不同，可分为平面与平面相交、平面与曲面相切、平面与曲面相交和曲面与曲面相交，如图 5-2 所示。

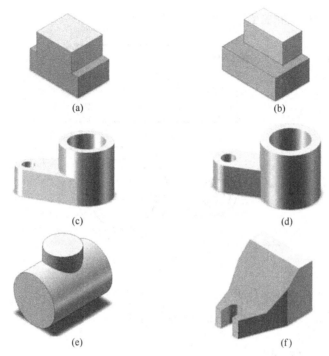

图 5-2 组合体的表面连接方式

（1）平面与平面相交

有表面共面［图 5-3（a）］和表面不共面［图 5-3（b）］两种情况。

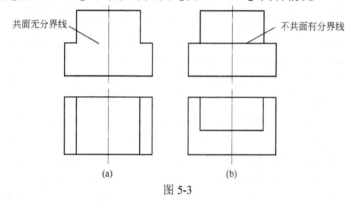

图 5-3

（2）平面与曲面相切（图 5-4）

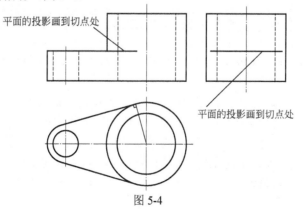

图 5-4

(3) 平面与曲面相交和曲面与曲面相交（图 5-5）

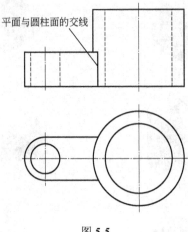

图 5-5

平面与曲面相交：交线绘制方法同平面切割曲面的截交线。
曲面与曲面相交：具体画法同前面第 4 章相贯体。

5.2 组合体的画图方法

怎样画组合体的视图呢？由复杂到简单，把复杂问题简单化的方法就是形体分析法。按组合体的组合形式，假想将其分解为几个部分；弄清各个部分的形状，各个部分的相对位置和表面连接关系，分部分进行作图。每一部分就相当于一个简单的基本体。这样把复杂物体的绘制简单化。最后检查各个部分表面连接关系产生的图线，完成整体投影。

例 1　画出如图 5-6（a）所示组合体的三视图。

分析：根据图 5-6（a）立体图把物体用形体分析法分解为四个部分，如图 5-6（b）所示：底板、圆筒、U 形柱和支撑板。

绘图步骤：① 分析基准定视图位置。以底板底面作为高基准，物体左右对称选取左右对称平面为长基准，底板的后面与 U 形柱后面平齐，选取物体的后面为宽基准。每一视图反映两个方向的尺寸，因此每一视图绘制两条基准线。

② 绘制地板三视图。由于地板上挖切矩形槽，特征主要在主视图上，先绘制主视图，然后绘制俯视、左视矩形。地板上有小孔，其特征视图在俯视上，小孔先画俯视的圆，再画出其它两个投影。

③ 绘制圆筒。圆筒特征视图在主视上，先在主视上绘制两个同心圆，再绘制另两投影的矩形。

④ 绘制 U 形柱。U 形柱特征视图在主视上，先在主视上画出 U 形，再绘制另两个投影的矩形。

⑤ 绘制支撑板。支撑板的特征视图在主视上，先在主视图画出其特征，画左视图时需注意支撑板与圆筒相切，切点在圆筒的点画线上，因此要把支撑板的前面画到切点处。

⑥ 检查、加深。支撑板与地板为平面与平面相交，它们的前面共面，因此画图时不画线。而 U 形柱与地板也为平面与平面相交，它们的前面不共面，且支撑板遮挡了 U 形柱，因此主视图中 U 形柱底面的投影画为虚线。

例 2　画出如图 5-7（a）所示组合体的三视图。

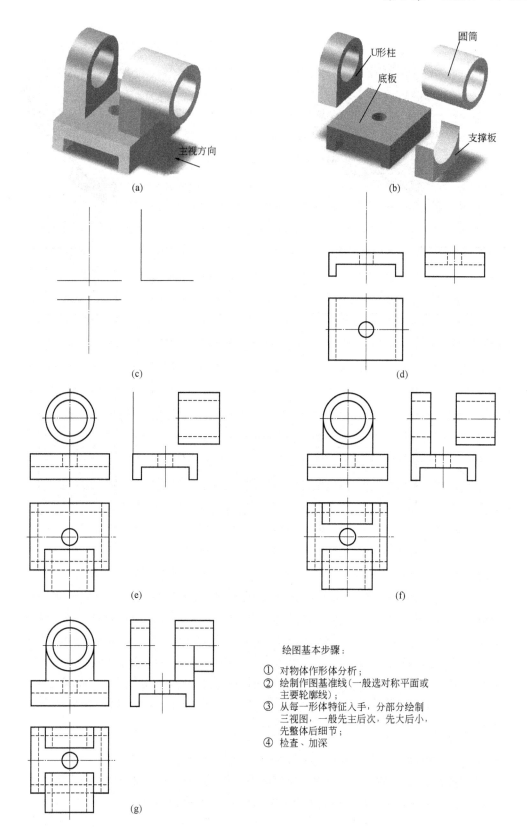

图 5-6

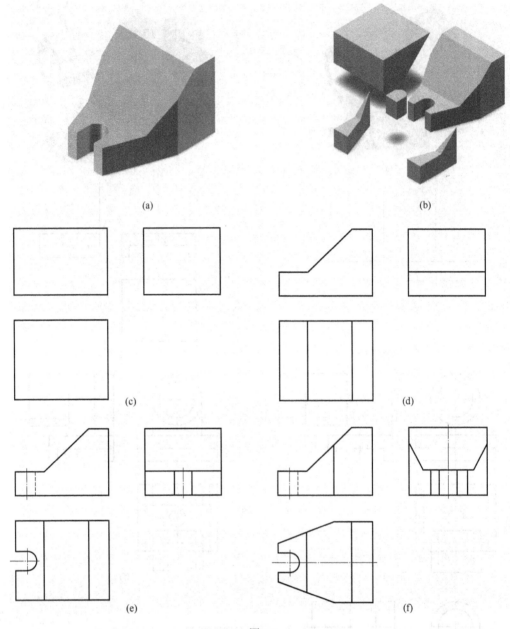

图 5-7

分析：根据图 5-7（a）立体图物体，想用形体分析法分解为几个部分，发现不能分解。如图 5-7（b）所示：观察物体外形，发现其为长方体切割而成。长方体被一个正垂面、一个水平面、两个铅垂面切割并挖切去一个 U 形柱即开 U 形槽。

绘图步骤：

① 绘制完整基本体三视图。长方体三视图均为矩形线框。

② 绘制长方体被正垂面和水平面切割后的投影。俯视图画出正垂面与物体顶面的交线和正垂面与水平面之间的交线，左视图画出水平面的积聚投影。

③ 绘制挖切 U 形柱后的投影。U 形柱特征视图在俯视图上，先在俯视图上画出 U 形，再绘制另两个投影。

④ 绘制长方体被铅垂面切割后的投影。由于水平面和两个铅垂面切割物体后，长方体左面只剩一小部分。我们知道图中长方体左面为侧平面，其侧面投影反映实形。高平齐、宽相等画出其侧面投影为矩形的线框。然后在主视图上画出左前方铅垂面与物体前面的交线，画左视图时需注意高平齐在物体的前面找到该交线的高点，利用投影面垂直面的投影特性，在左视图画出主视投影的类似形。左后方铅垂面与物体后面的交线作图方法类似。

⑤ 检查、加深。作图时为使图形清楚明了要随手擦去切去的图线。

画组合体的视图主要是运用形体分析法把空间的三维物体，按照投影规律画成二维的平面图形的过程，是三维形体到二维图形的过程。自觉运用形体分析法，根据物体的形体结构适当分部分起到了化难为易的作用。绘制每一部分时一般要从反映该部分形体特征的视图开始，细致地分析各个部分之间的表面连接关系。画图时注意不要多线或漏线。

根据实物或立体图通过有分析、有步骤地绘图进一步掌握投影规律，逐步提高投影分析的能力。

5.3 组合体的看图方法

看图是根据已给出的二维投影图在投影分析的基础上，运用形体分析法和线面分析法想象出空间物体的形状，是由二维图形到三维形体的过程。要正确迅速地看懂视图，想象出物体的空间形状，必须掌握一定的看图方法。

5.3.1 看图的基本方法和要点

（1）看图的基本方法

看图以形体分析法为主，线面分析法为辅。叠加式组合体看图用形体分析法对其"分解、组合"。化复杂为简单。切割式组合体用线面分析法分析其上线、面的投影来想象空间形状。

（2）看图的要点

① 理解视图中线、线框的空间含义。

视图中线的空间含义：

a. 表示曲面的转向轮廓线，如图 5-8（a）所示。

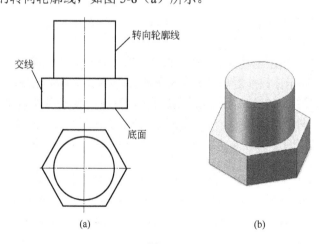

图 5-8

b. 表示两个平面的交线，如图 5-8（a）所示。

c. 表示投影面平行面或投影面垂直面的积聚性的投影。

分析视图中的线，想象其空间形状时，首先考虑它的空间形状是否为平面，然后考虑它是否为平面与平面的交线或曲面的转向轮廓线。

视图中线框的空间含义：

a. 视图中一个封闭的线框表示一个面的投影。这个面可能是平面，可能是曲面，也可能是平面和曲面相切的面。如图 5-9 所示底板的前面 A 的正面投影 a′ 表示平面，U 形柱的 D 面的侧面投影 d″ 表示 U 形柱的孔，即为表示曲面。U 形柱的 C 面的侧面投影 c″ 表示 U 形柱上平面与曲面相切的面。

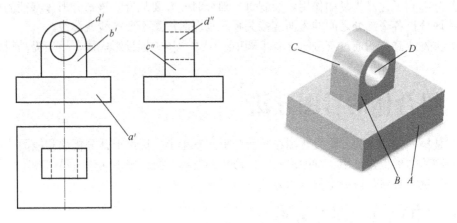

图 5-9

b. 视图中相邻的两个封闭的线框表示位置不同的面的投影。如图 5-9 所示底板的前面 A 的正面投影 a′ 和 U 形柱前面 B 的正面投影 b′。

c. 视图中大的封闭线框中包含的小线框表示在大的面上凸起或凹下的面的投影。如图 5-9 所示 U 形柱前面 B 的正面投影 b′ 和 U 形柱的孔的正面投影 d′。

分析视图中的线框，想象其空间形状时，首先考虑它的空间形状是否为平面，然后考虑它是否为曲面或平面与曲面相切的面。

② 善于从特征视图入手，几个视图联系起来看。

a. 抓特征，就是弄清物体的形状特征和其各个部分之间的位置特征。在较短的时间内对物体有个大概的了解。

什么是形状特征？如图 5-10（a）画出了长方体的三视图。如果我们只看主视图、左视图，如图 5-10（b）所示，只能看出长方体的长度和厚度，其他形状看不出来。如果我们看主视图、俯视图，如图 5-10（c）所示，即使不看左视图，我们也能想象出该物体的空间形状，即为长方体左右两边切矩形槽，中间钻孔，如图 5-10（d）所示。显然该物体的俯视图比左视图更能表达物体的形状特征，这种最能反映物体形状特征的视图，称为物体的形状特征视图。

什么是位置特征？如图 5-11（a）画出了物体的主视图、俯视图。我们在主视图、俯视图中看不出圆柱和长方体那个是凸出的，那个是凹进的。因此我们可以把物体的形状想象成图 5-11（b）或图 5-11（c）的样子。如果我们画出物体的左视图如图 5-11（d）所示，我们就能确定物体的形状为图 5-11（c）的样子。显然该物体的左视图比俯视图更能表达物体各部分的相互位置关系，这种最能反映物体相互位置关系的视图，称为物体的位置特征视图。

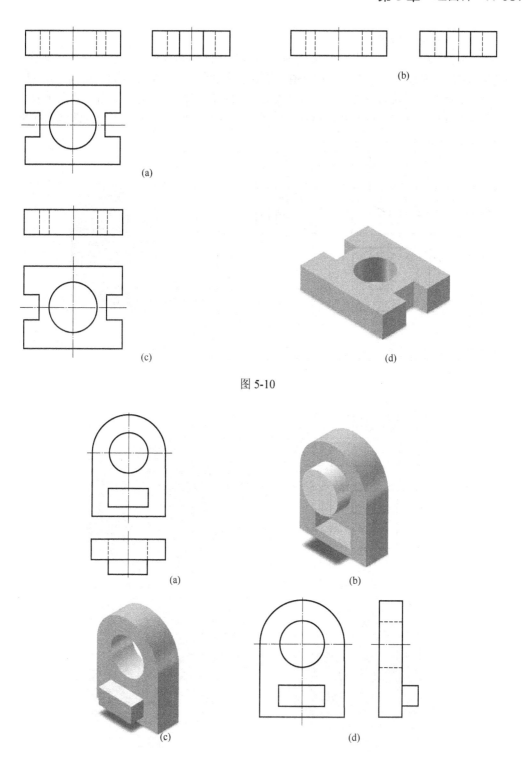

图 5-10

图 5-11

b. 几个视图联系起来看。

物体的形状特征和位置特征并非总是集中在一个视图上,有时会分散于各个视图上。看图时要从反映物体形位特征较多的主视图入手,几个视图联系起来看,这样才能完整、准确地想象出物体的空间形状。

　　如图 5-12 所示物体三视图。抓主视图用形体分析法将其分解为三个部分，主视图看出物体整体轮廓形状和肋板形状特征。俯视图反映底板形状特征。左视图反映立板为 U 形柱穿孔。根据三个部分组合形式为叠加关系，立板叠加在底板的右边且右面、前面、后面平齐，肋板在地板的上面中间且与立板叠加。这样从特征视图入手，形体分析，几个视图联系起来看，想象出物体空间形状。

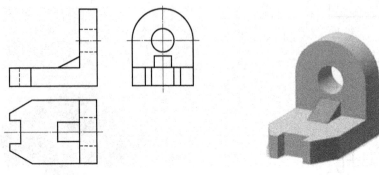

图 5-12

③ 善于构想形体并与给定视图对照修正。

根据图 5-13（a）所示物体主、俯视图想象物体形状。

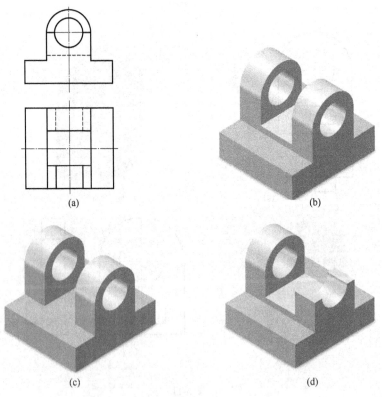

图 5-13

　　我们把物体想象为图 5-13（b）所示立体，对照平面图形发现与主视图不符。如把物体想象为图 5-13（c）所示立体，对照平面图形发现与俯视图不符。对照平面图形修正，把物体想象为图 5-13（d）所示立体，这样物体空间形状与主、俯投影相符合。

5.3.2 看图的步骤

① 抓主视，分线框。以主视图为主，配合其他视图进行初步的投影分析和空间分析。（抓主、分块）

② 对投影，想形状。利用"三等"关系找出每一部分的投影，并想象出它们的形状。（对投影、想形）

③ 综合起来想形体。在看懂每部分形体的基础上，进一步分析它们之间的组合方式和相对位置关系，从而想象出整体的形状。（合整）

例 3 读如图 5-14 所示三视图，想象出物体形状。

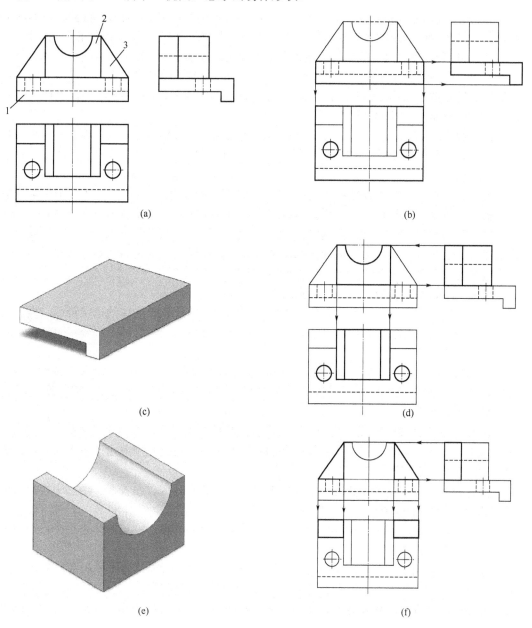

图 5-14

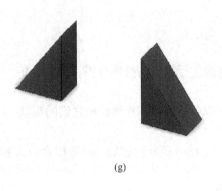
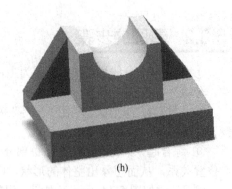

(g)　　　　　　　　　　　　　　　(h)

图 5-14

① 抓主视，分线框。图 5-14（a）中，主视图较多反映了物体的形状特征。根据其上线框，我们把该物体用形体分析法分解为三个部分。主视图反映了 2、3 部分的形状特征。

② 对投影，想形状。首先我们从底板 1 主视矩形线框出发，根据三等关系找到其俯、左投影，由三个投影分析可知底板基本体为长方体，由左视图投影看出其后、下位置切去长方体通槽。俯视图看到两个圆形，结合主、左视图可以判断底板上钻了两个孔。这样我们就想象出底板的形状，如 5-14（c）所示。

由方块 2 主视线框出发，根据三等关系找到其俯、左投影。由三个投影分析可知方块 2 基本体为长方体，其上挖切了一个半圆槽，这样我们就想象出方块 2 的形状，如图 5-14（e）所示。

最后看肋板 3，由主视线框出发，根据三等关系找到其俯、左投影。由三个投影分析可知肋板 3 基本体为三棱柱体，这样我们就想象出肋板 3 的形状，如图 5-14（g）所示。

③ 综合起来想形体。由主、俯视图可以看出，方块 2 与底板 1 叠加，位置在底板中间且后面平齐。肋板 3 与方块 2 和底板 1 都是叠加关系，肋板在方块 2 的两侧且后面平齐。这样综合起来想出整体。空间形状如 5-14（h）所示。

例 4　读如图 5-15 所示三视图，想象出物体形状。

① 抓主视，分线框。图 5-15（a）中，主视图较多地反映了物体的形状特征。根据其上线框加上我们对叠加表面图线的认识，该物体用形体分析法分解为四个部分。主视图反映了 2、3、4 部分的形状特征。

② 对投影，想形状。首先从底板 1 主视图类矩形线框出发，根据三等关系找到其俯、左投影，由三个投影分析可知底板基本体为长方体，由俯视图投影看出其左边前、后切出圆角，并在地板上钻了两个孔。

由方块 2 主视线框出发，根据三等关系找到其俯、左投影。由三个投影分析可知方块 2 基本体为长方体。结合底板 1 与方块 2 叠加且表面平齐，我们就想象出地板 1 和方块 2 的形状，如图 5-15（d）所示。

再看 U 形柱 3，由主视线框出发，根据三等关系找到其俯、左投影。由三个投影分析可知 U 形柱 3 为穿孔 U 形柱，前、后各一个。

最后看肋板 4，由主视线框出发，根据三等关系找到其俯、左投影。由三个投影分析可知肋板 4 基本体为三棱柱体。

③ 综合起来想形体。由主、俯视图可以看出，方块 2 与底板 1 叠加，位置在底板右边且前、后面平齐。U 形柱 3 与方块 2 是叠加关系，前面 U 形柱与方块 2 前面平齐，后面 U 形柱与方块 2 后面平齐。肋板 4 在方块 2 和底板 1 都是叠加关系且在中间。这样综合起来想出整体。空间形状如图 5-15（g）所示。

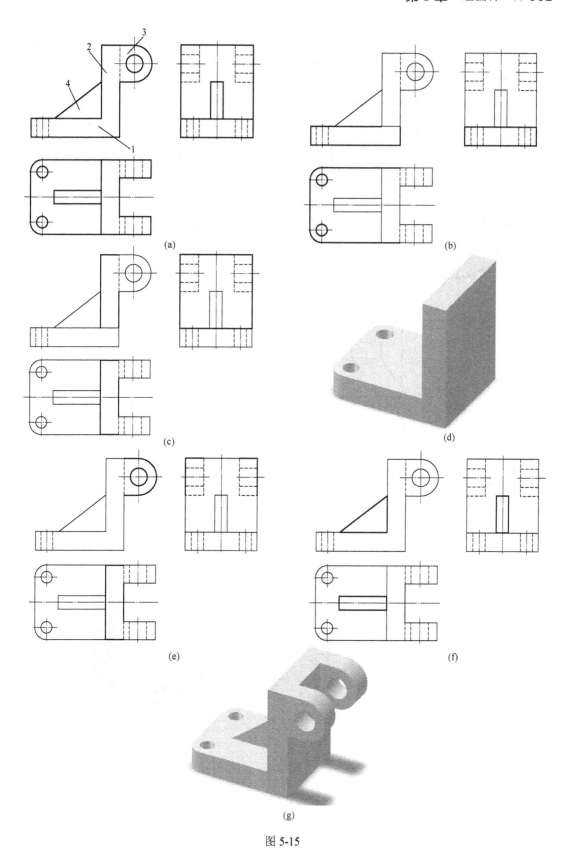

图 5-15

一般情况下，形体清晰的物体，用形体分析法看图即可。然而有时物体较为复杂或物体由基本体多次切割而成，这时就需要用线面分析法看图。

例5 读如图 5-16（a）所示三视图，想象出物体形状。

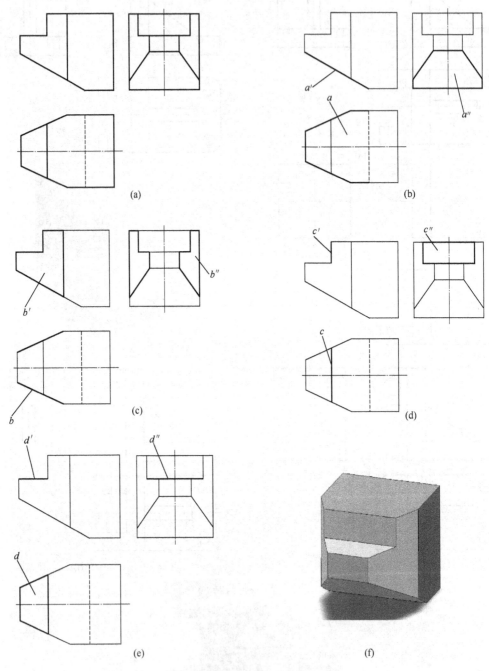

图 5-16

分析整体形状。由物体三视图为三个类矩形，判断物体没有被切割前为长方体。进一步分析细节，从主视看到物体左上被两个面切割，左下被切角。俯视投影缺两个角，说明物体的左边切掉前、后两角。

① 先看图 5-16（b）。从俯视带斜线的六边形线框出发，在主视找到其对应的斜线 a'，可知 A 面为正垂面，长方体的左下角由其切割而成。根据投影面垂直面的投影规律，宽相等、高平齐在侧面找到水平投影 a 的类似形 a''。

② 再看图 5-16（c）。从主视带斜线的六边形线框出发，在俯视图中找到其对应的斜线 b，可知 B 面为铅垂面，长方体的左边前、后是切割而成。根据投影面垂直面的投影规律，宽相等、高平齐在侧面找到正面投影 b' 的类似形 b''。

③ 然后看图 5-16（d）。从左视矩形线框出发，在主视找到其对应的直线 c'，可知 C 面为侧平面，根据投影面平行面的投影规律，长对正在水平面找到其积聚为直线的水平投影 c。看图 5-16（e），从水平梯形线框出发，在主视找到其对应的直线 d'，可知 D 面为水平面，根据投影面平行面的投影规律，宽相等、高平齐在侧面找到其积聚为直线的侧面投影 d''。长方体的左上切口由这两个平面切割而成。其他面的投影比较简单，不再一一分析。

④ 这样从整体和线、面的投影上仔细分析，弄清了物体的三视图，就可以想象出如图 5-16（f）所示的物体空间形状。

5.3.3 看图的应用举例

在读图练习时，常常由已知的两个视图，补画第三视图（即常说的二补三），或由已给的视图画出它们上面所缺图线（即常说的补漏线）。二补三和补漏线是培养和检验看图能力的两种有效的手段，是培养形体分析能力和解决问题能力的有效方法，也是发展空间想象能力和空间思维能力的有效途径。

（1）补漏线

补画漏线时已给视图虽然缺少图线，但已能确定所表达物体的形状，因此补漏线通常分三步进行：

① 根据视图中的已知图线，分析形体用前面学习的看图方法，想象出物体的空间形状。

② 在此基础上，观察物体的组合形式及其表面连接关系，寻找漏线。

③ 由特征视图出发，寻找其另外两个投影，如找不到就需要补画漏线。

例 6 读如图 5-17 所示三视图，补画视图中所缺图线。

分析图 5-17（a），物体由两个长方体叠加而成，下面长方体挖切矩形槽，上面长方体挖切不通矩形槽后再挖切半圆柱。

先补画物体两部分叠加的表面交线，表面不平齐有线。如图 5-17（b）。

再由主视矩形槽特征视图入手，找其他两投影，补画出其水平投影，如图 5-17（c）所示。最后补画上面长方体挖矩形槽产生的线。矩形槽后面为正平面，其正面投影为线框，水平投影积聚为与正面投影等长的直线，侧面投影积聚为与正面投影等高的直线，如图 5-17（d）所示。

例 7 读如图 5-18 所示三视图，补画视图中所缺图线。

分析图 5-18（a），物体由一个长方体切割而成。左右两侧各切去一个小长方体，长方体前边挖切矩形槽，长方体后边挖切半圆柱，再用一个侧垂面切去前上角。

先补画物体两两侧被切割后的表面交线，如图 5-18（b）所示。

再由俯视矩形槽和半圆柱孔特征视图入手，找它们的左视投影，利用类似性补画出矩形槽的正面投影，补出为虚线的半圆柱孔的正面投影，如图 5-18（c）所示。物体的空间形状如图 5-18（d）。

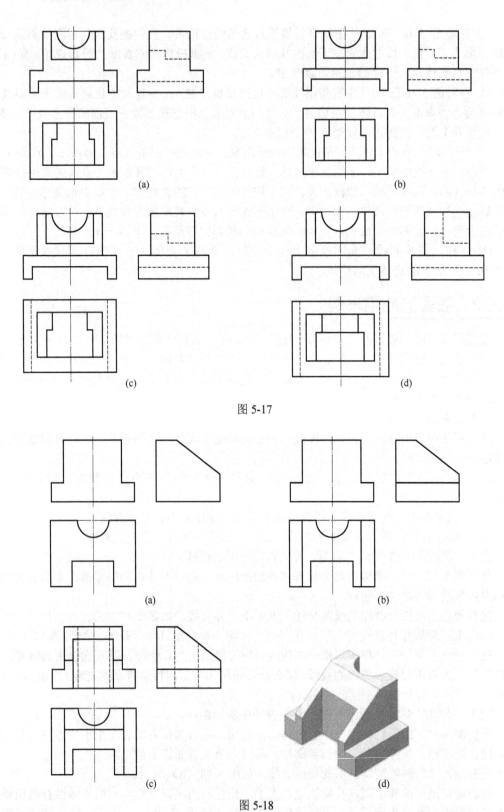

图 5-17

图 5-18

（2）二补三

补画第三视图时，已给两视图已能确定所表达物体的形状。因此二补三通常分两步进行：

① 根据已给的两视图，通过形体分析和线面分析想象出物体的形状。

② 在此基础上，逐步画出第三视图。

例8 如图 5-19 所示，已知物体的主视图、俯视图，补画其左视图。

图 5-19

分析：根据图 5-19（a）三视图把物体用形体分析法分解为四个部分：底板、圆筒、支撑板和肋板。

绘图步骤：① 绘制底板左视图。根据主、俯视图分析底板基本体为长方体，由主视图、俯视图虚线分析底板后侧挖切了一个小长方体，由俯视视图半圆特征分析底板在前方中间挖切半圆柱，见图 5-19（b）。

② 绘制圆筒左视图。从主视高平齐、俯视宽相等，先绘制圆筒外轮廓为带虚线的矩形。然后绘制其上小孔。小孔与圆筒相贯，画出相贯线的投影为小欺大的曲线，见图 5-19（c）。

③ 绘制支撑板左视图。由主视高平齐、俯视宽相等，绘制与圆筒相切的支撑板，注意要把切线绘制到切点处，见图 5-19（d）。

④ 绘制肋板左视图。由主视图高平齐、俯视图宽相等，肋板左视投影，注意画出交线，见图 5-19（e）。

⑤ 检查、加深。支撑板与底板为平面与平面相交，它们不共面，因此画图时要画线。支撑板与圆筒相切，画出切线。支撑板与肋板叠加，因此左视要画线，而肋板与圆筒相交，左视要画出交线。

例 9　如图 5-20 所示，已知物体的主视图、俯视图，补画其左视图。

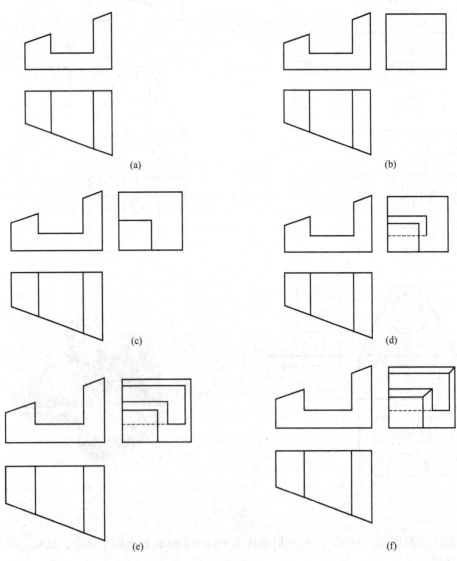

图 5-20

分析图 5-20（a），物体由一个长方体切割而成。由主视看出长方体挖切矩形槽，然后用一个正垂面切去左上角，再用一个铅垂面切去左前角。

利用投影面平行面投影特性绘制。先绘制右面，其为侧平面，高平齐、宽相等画出矩形，如图 5-18（b）所示。

绘制左面，其为侧平面，高平齐、宽相等画出矩形，如图 5-18（c）所示。

绘制矩形槽左面。其为侧平面，高平齐、宽相等画出矩形。因为主视图切出矩形槽，所以槽底左视投影为虚线，如图 5-18（d）所示。

绘制矩形槽右面。其为侧平面，高平齐、宽相等画出矩形，如图 5-18（e）所示。

利用投影面垂直面投影特性绘制。由俯视切割物体的铅垂面投影出发，长对正找到其正面投影为带斜线的八边形，其左视投影一定为正面投影的类似形，画出斜线。

组合体的学习为机械制图学习的关键部分。学习并应用形体分析法化难为易，培养形体分析能力和解决问题的能力，同时发展空间想象能力和空间思维能力。这部分内容的学习有着承前启后的作用。一定要多练习、多思考。

第 6 章 机件的表达方法

机器上的零件因使用和制造要求的不同,它们的结构形状多种多样。一般情况下用三视图可以表达清楚它们的形状。当机件的结构形状比较复杂时,仅通过三视图就不足以表达机件的内、外结构形状。为此国家标准《技术制图》、《机械制图》中的"图样画法"规定了视图、剖视图和断面图等多种表示法。

6.1 表示机件外部形状的方法——视图

视图是用正投影的方法绘制的物体的投影,主要用来表达机件的外部结构形状,一般只画出机件的可见部分,必要时才用虚线表示其不可见部分。

6.1.1 基本视图

在原来的正投影面、水平投影面、侧立投影面的基础上,再增加三个与它们平行的投影面,构成六面体方箱。将机件放置其中,分别向六个基本投影面投射所得六个视图称为基本视图。即在原有的主、俯、左三视图基础上,增加了由右向左投射,在左侧面上所得的右视图;由下向上投射,在顶面上所得的仰视图;由后向前投射,在前立面上所得的后视图。

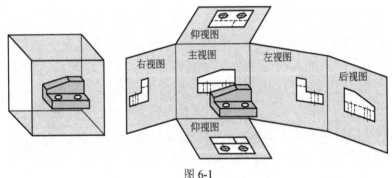

图 6-1

各投影面展开时,规定正面不动,水平面向下旋转 90°,右侧立投影面向后旋转 90°,顶面向上旋转 90°,左侧立投影面向后旋转 90°,前立面先向前旋转 90°,然后跟随右侧立投影面旋转。

六个基本视图按展开的位置配置时,一律不标注,如图 6-2(a)所示。

展开的六个基本视图仍然保持"长对正、高平齐、宽相等"投影关系。即:

主、俯、仰、后视图长对正;
主、左、右、后视图高平齐;
俯、左、右、仰视图宽相等。

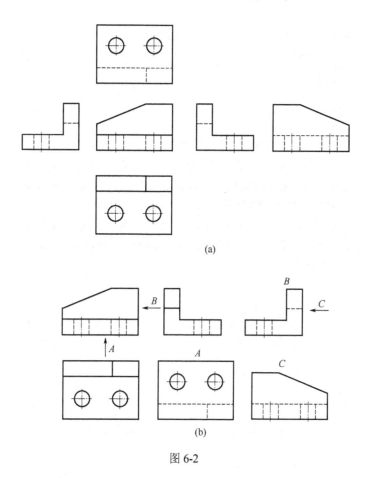

图 6-2

方位关系：俯、仰、左、右视图远离主视图的面表示物体的前面。

图形：俯、仰视图上下颠倒；左、右视图左右颠倒；主、后视图左右颠倒。

6.1.2 向视图

向视图一般指不按投影关系配置的右视图、仰视图和后视图。在向视图的上方标注视图的名称"×"（"×"为大写拉丁字母的代号），在相应视图附近用箭头指明投影方向并在箭头边上标注相同的字母。见图 6-2（b）。

6.1.3 局部视图

将机件的某一部分向基本投影面投影所得到的视图，称为局部视图。局部视图的断裂边界一般用波浪线或双折线表示。局部视图可以按基本视图的配置形式配置，如中间没有其他图形隔开时，可以省略标注。如图 6-3 中大圆柱右边的与之相贯的小圆柱的局部视图。局部视图按向视图的配置形式配置，需标注。标注样式与向视图标注样式相同，即在局部视图上方标出视图名称"×"，在相应视图附近用箭头指明投影方向并在

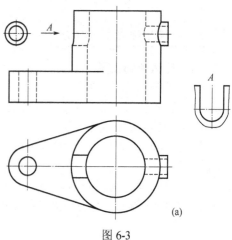

图 6-3

箭头边上标注相同的字母。如图6-3中的 A 局部视图。

当局部结构完整且外轮廓封闭时,可以不画断裂边界。如图6-3中大圆柱右边的与之相贯的小圆柱的局部视图。

6.1.4 斜视图

当机件上有不平行于基本投影面的倾斜结构时,在基本投影面上不能表达这部分结构的真实形状,给画图、读图、标注尺寸均带来不便。为了表达倾斜结构的实形,设立一个平行于倾斜结构的辅助投影面(新设辅助投影面垂直于一个原投影面),并将倾斜结构向该投影面投射(正投影)所得到的视图,称为斜视图。

斜视图必须标注。斜视图一般按向视图的配置形式配置。如图6-4(a)所示。必要时,允许将其旋转配置,标注时要画出旋转方向,表示斜视图名称的大写拉丁字母应写在靠近旋转符号的箭头端。如图6-4(b)所示。

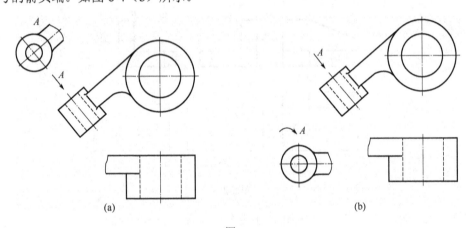

图 6-4

6.2 表示机件内部形状的方法——剖视图

当机件的内部形状复杂时,视图上虚线就会比较多,不仅影响视图的清晰,给看图带来困难,也不便标注尺寸。因此国家标准规定用剖视图表达机件内部形状。

6.2.1 剖视图的概念

(1)什么是剖视图

假想用剖切面将机件剖开,将处在观察者与剖切面之间的部分移去,剩余部分向投影面投射所得到的图形,称为剖视图。如图6-5中主视图。

(2)画剖视图的注意事项

① 因为剖切是假想的,实际上机件并没用剖开,所以除剖视图本身外,其余视图应画出完整的图形。

② 剖切平面一般通过机件的对称平面或轴线,且平行或垂直于投影面。

③ 在剖视图上已经表达清楚的结构,虚线应省略不画。没有表达清楚的结构,允许画少量的虚线。

④ 剖切面后面的可见轮廓线应画出，不能遗漏。如图6-6（b）所示。

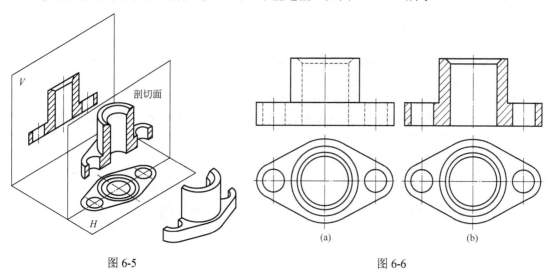

图 6-5　　　　　　　　　　　　　　图 6-6

⑤ 剖切面与机件实体相接触的部分为剖面区域，剖视图中应在剖面区域画出剖面符号。金属材料的剖面符号为与水平方向成45°、间隔均匀的细实线（向左或向右倾斜均可），通常称为剖面线。同一个机件的各个剖视图上其剖面线的方向相同，间隔一致。常见材料的剖面符号见表6-1。

表 6-1　常见材料的剖面符号

材料名称	剖面符号	材料名称	剖面符号
金属材料		木质胶合板	
非金属材料		混凝土	
型砂、填砂、粉末冶金、砂轮、陶瓷刀片、硬质合金刀片等		钢筋混凝土	
砖		基础周围的泥土	
木材纵切面		线圈绕组元件	
木材横切面		转子、电枢、变压器和电抗器等的叠钢片	
玻璃及供观察用的其他材料		液体	

（3）剖视图的标注

当剖切位置不明确或影响看图时，剖视图需要标注。一般需标注剖切位置、投射方向和剖视图的名称。

① 剖切线　剖切线是指明剖切位置的线，用细点画线绘制。常常省略不画。

② 剖切符号　表示剖切面的起、讫和转折位置（用粗短划绘制）及投射方向（用箭头绘制）的符号。剖切符号尽可能不与图形轮廓线相交，在剖切符号的起、讫和转折处应用相同的字母标出，位置不够时转折处的字母可以省略。

③ 剖视图的名称　在剖视图的上方用"×-×"标出剖视图的名称。"×"为大写拉丁字

母，在剖切符号边注写相同的字母。

6.2.2 剖视图的种类

按机件被剖开的范围，剖视图分为全剖视图、半剖视图和局部剖视图三种。

（1）全剖视图

用剖切面将机件全部切开，所得的剖视图称为全剖视图。

如图6-7（a）所示的主视图。全剖视图适用于外形结构比较简单，内形结构相对复杂的机件，侧重机件的内形结构的表达。

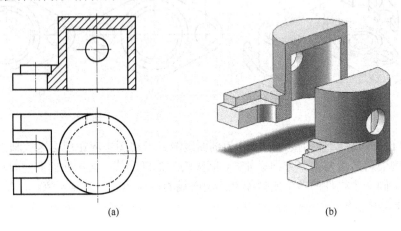

图 6-7

（2）半剖视图

当机件具有对称平面时，向垂直于对称平面的投影面上投射所得到的图形，以对称中心线为界，一半画成剖视图，另一半画成视图，这种剖视图称为半剖视图。

如图6-8（a）所示的主视图。半剖视图适用于具有对称面且内、外形结构均需要表达的机件。如果机件的结构形状接近于对称，且不对称部分已另有图形表达清楚时，也可以画成半剖视图。

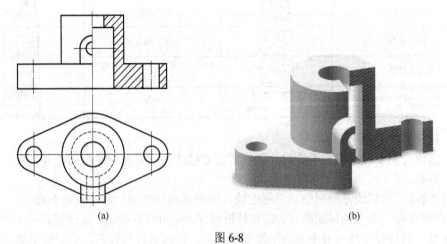

图 6-8

画半剖视图应注意以下几点：

① 半剖视图是由半个视图和半个剖视图组成，并非假想将机件剖去1/4，因此视图和剖

视图的分界线一定要画成点画线。

② 由于机件的内部结构已在半个剖视图表达清楚，故在视图中虚线省略不画。

③ 半剖视图的标注方法与全剖视图相同。

（3）局部剖视图

用剖切面将机件局部地切开，所得的剖视图称为局部剖视图。如图6-9（a）所示的主、俯视图。

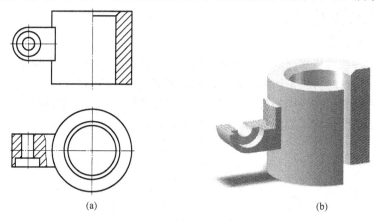

图 6-9

局部剖视图是比较灵活的表达方法。适用于机件的内部结构需要表达，又没有必要作全剖视图或不适合作半剖视图的情况。局部剖视图以波浪线或双折线为界。

画局部剖视图应注意以下几点：

① 局部剖视图上的波浪线为机件的断裂线，因此波浪线不能穿空而过，也不能超出图形轮廓之外，而且不能与图形上的轮廓线重合。如图6-10所示为局部剖视图的正确、错误画法对比。

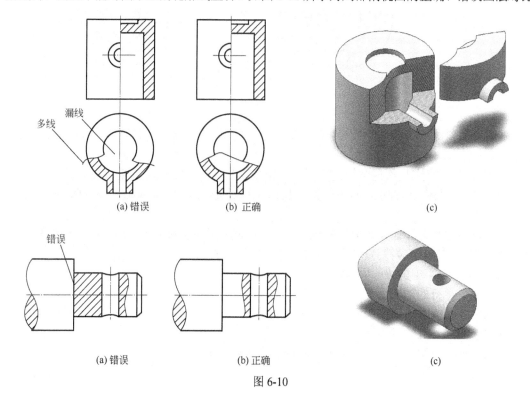

图 6-10

② 当被剖切结构为回转体时，允许将该结构的轴线作为剖视图与视图的分界线。如图 6-9（a）所示的主视图。
③ 同一视图中局部剖视图的数量不宜过多，不然会使图形过于破碎，影响看图。
④ 局部剖视图的标注方法与全剖视图相同。

6.2.3 剖切面的种类

（1）单一剖切面

用平行于某一基本投影面的单一平面剖切机件，前面图例中的全剖视图、半剖视图和局部剖视图都是采用这种方式剖切的。单一剖切面剖开机件一般不需标注。

当机件上有倾斜结构的内部形状需表达时，可以采用与倾斜结构轮廓平行且与基本投影面垂直的单一剖切面剖切，如图 6-11 中的 B—B 剖视图。

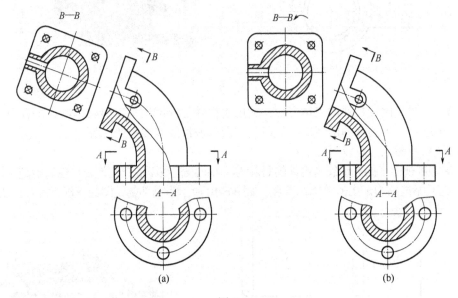

图 6-11

画用与倾斜结构轮廓平行且与基本投影面垂直的单一剖切面剖切的剖视图时应注意以下几点：

① 必须标注且应是剖视图的完整标注。如图 6-11（a）中的 B—B 剖视图。
② 为便于看图，这样的剖视图一般按投影关系配置，其上剖面线与其他视图间隔、方向相同。
③ 与斜视图一样，画图时允许将图形正放，同时用箭头表示旋转方向，字母注在箭头端。"×—×⌒⌒" 为旋转符号，表示剖视图是如何旋转的。

如图 6-11（b）中的 B—B 剖视图。

（2）几个平行的剖切面

当机件上孔或槽的轴线或中心线处在两个或多个相互平行的平面上时，用两个或多个相互平行的平面剖开机件（图 6-12）。

画几个平行剖切面剖切机件形成的剖视图应注意以下几点：

① 为便于看图，必须标注且应是剖视图的比较完整标注。各个剖切面的转折处必须是直角。

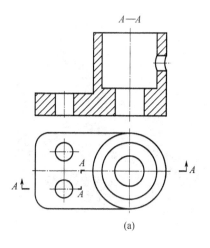
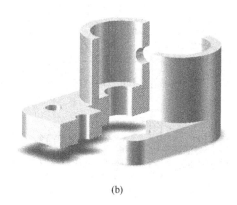

图 6-12

② 应把几个平行的剖切面看出一个延续的剖切面。所以在各个剖切面的转折处不要画线。

③ 要正确选择剖切面的位置，不应出现不完整结构要素。

④ 当两个结构要素在图形上具有公共对称轴线（面）或中心线时，以公共对称轴线（面）或中心线为界各画一半，这种剖切表达方法在模具中应用较多。

（3）几个相交的剖切面

当机件上孔或槽结构处于垂直相交的平面上且具有明显旋转轴时，用两个或多个相交平面剖开机件的方法。

画几个相交剖切面剖切机件形成的剖视图应注意以下几点。

① 为便于看图，必须标注且应是剖视图的完整标注。

② 剖切机件后应先将与所投射的基本投影面不平行的结构旋转到与之平行后再绘图。这样剖视图就与视图不能"对等"。如图 6-13（a）～图 6-15（a）所示。

③ 位于剖切面后面的其他结构要素，一般仍按原来的位置投射，如图 6-14（a）所示的俯视图中小孔的投射。

④ 当剖切后机件上产生不完整结构要素时，应将此部分按不剖绘制。如图 6-15（a）所示的主视图的中间的臂，仍按未剖到处理。

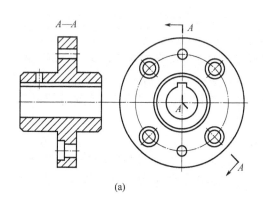

图 6-13

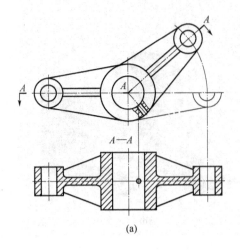
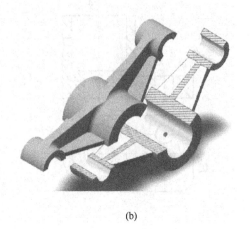

图 6-14

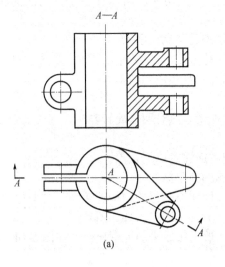

图 6-15

6.2.4 剖视图的应用举例

例1 根据视图选择合适的表达方案。

图 6-16（a）所示圆筒。该形体外形简单，有内孔需要表达，故采用全剖视图。

图 6-16（c）所示圆筒上前面开一个小孔。该形体小孔外形需要表达，内孔也需要表达，形体左右对称，故主视图采用半剖视图，俯视采用局部剖视图表达前面小孔内部情况。见图 6-16（d）。

图 6-16（e）所示四棱柱上叠加了前面开一个小孔的圆筒。该形体小孔外形需要表达，内孔也需要表达。由于四棱柱的棱线在点画线上，故主视图不能采用半剖视图，为此主视图选用局部剖视图兼顾内外形状的表达，俯视采用局部剖视图表达前面小孔内部情况。见图 6-16（f）。

例2 根据视图选择合适的表达方案。

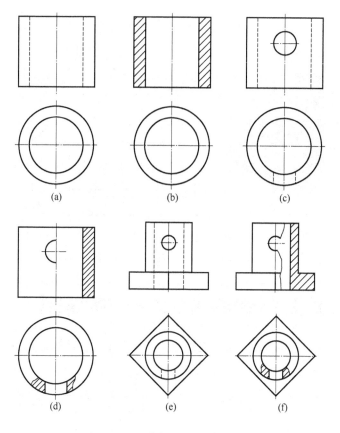

图 6-16

图 6-17（a）所示长方体上叠加了中间开半圆柱槽的半圆柱，半圆柱前后各叠加了一个 U 形柱，半圆柱上方有一个圆柱与之相贯，该圆柱上叠加了一个长方体。由于形体内外形均需要表达，且形体左右、前后对称。故主视图不能采用全剖视图，为此主视图选用半剖视图和局部剖视图表达内外形状和地板上小孔，俯视采用视图表达外形，左视图选用半剖视图兼顾内外形状的表达。见图 6-17（d）。

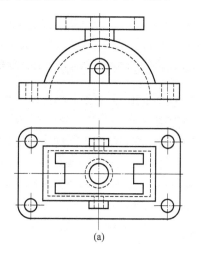
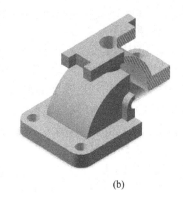

图 6-17

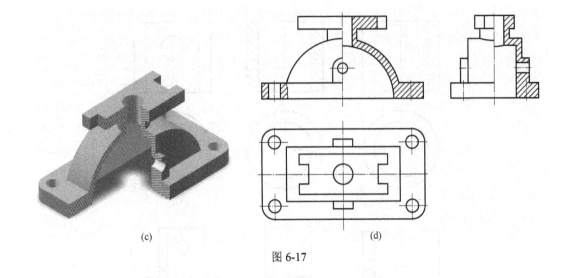

图 6-17

6.3 表示断面形状的方法——断面图

假想用剖切面将机件的某处切断，仅画出该剖切面与机件接触部分的图形，称为断面图，简称断面。如图 6-18 所示。

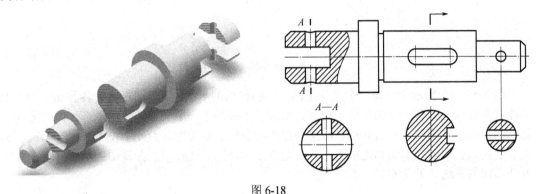

图 6-18

（1）移出断面图

画在视图外的断面称为移出断面图，如图 6-18 所示。移出断面图的轮廓线用粗实线绘出。画断面图应注意以下几点：

① 移出断面图应尽量配置在剖切位置的延长线上，如图 6-18 中间和右边的断面图。为合理利用图纸，也可画在其它位置，如图 6-18 左边的断面图。

② 画断面图时一般只画出断面的形状。如图 6-18 中间的断面图。当剖切平面通过回转面形成的孔或凹坑的轴线时，这些结构应按剖视绘制。如图 6-18 右边的断面图。

③ 当剖切平面通过非圆孔，出现完全分离的两个或多个断面时，这些结构也要按剖视绘制。如图 6-18 左边的断面图。

④ 为了表达断面的实形，剖切平面一般与被剖切部分的主要轮廓线垂直，图 6-19（a）用两个相交的剖切面表达肋板的断面的真实形状。

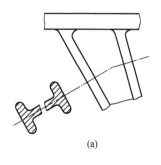 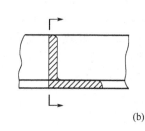 

图 6-19

（2）重合断面图

画在视图内的断面称为重合断面图。重合断面图的轮廓线用细实线绘出。如图 6-19（b）所示。

（3）断面图的标注

① 不对称断面图一般位置配置，其完整标注同剖视图标注一样。

② 当移出断面图配置在剖切线的延长线上，且图形对称，省略标注，但应画出剖切线。如图 6-18 右边的断面图。当移出断面图配置在剖切线的延长线上，且图形不对称，可省略字母，如图 6-18 中间的断面图所示。

③ 对称断面图一般位置配置，可省略箭头，如图 6-18 左边的断面图所示。

6.4 其他表示法

（1）肋板、轮辐及机件上薄壁结构的画法

机件的肋板、轮辐和薄壁等结构，如按纵向剖切，即通过其厚度方向的对称平面时，这些结构按没有剖到绘制（不画剖面符号），同时用粗实线将它与其邻接部分分开，如图 6-20（a）中左视图所示。

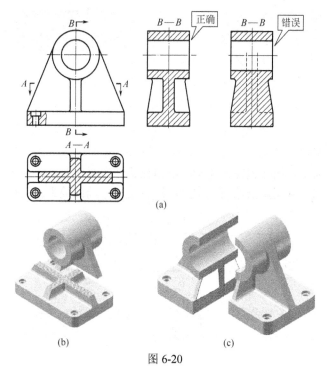

图 6-20

如按横向剖切,即剖切平面垂直肋板、轮辐的对称平面或轴线反映肋板厚度时,这些结构仍要画出剖面符号。如图6-20(a)中俯视图所示。

(2)均匀分布在圆周上的肋板、轮辐、孔等结构在剖视图中的画法

当回转体上均匀分布的肋板、轮辐、孔等结构不处于剖切平面上时,要将这些结构旋转到剖切平面上画出。如图6-21(a)、(c)所示。

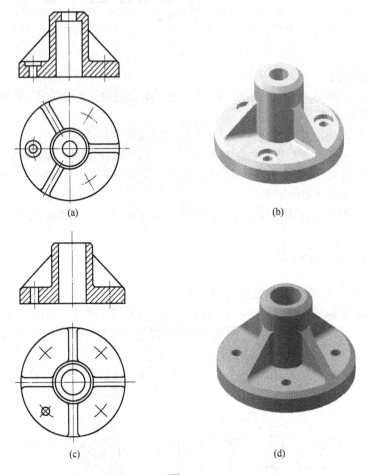

图6-21

(3)局部放大图

当机件上某些细小结构在视图上表示不清楚或标注有困难时,可用大于原图形所采用的比例画出,并将它们配置在图纸的适当位置,这种图称为局部放大图。如图6-22所示。

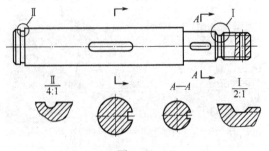

图6-22

局部放大图所采用的比例为比例定义的比例,与视图采用的比例无关。局部放大图可画成视图、剖视图或断面图,与被放大部分的表示法无关。

局部放大图必须标注,其标注方法是:用细实线圆在视图上标明被放大部位,在放大图上方标出放大图的比例。当图上有多处部位需要放大时,还要用罗马数字依次注明放大部位,并在放大图上方标出相应的罗马数字和采用的比例。

（4）相同结构的简化画法

机件上相同结构,如齿、孔、槽等,按一定规律分布时,可只画出一个或几个完整的结构,其余用细实线连接,并注明该结构的总数。如图 6-23（a）和图 6-24 所示。

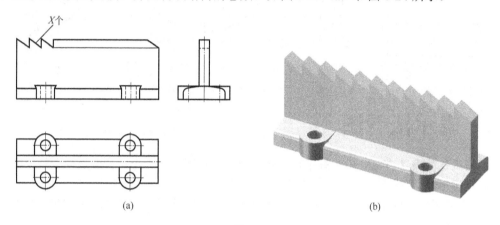

图 6-23

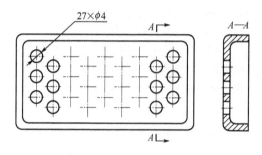

图 6-24

（5）网纹和滚花的画法

机件上的网纹和滚花部分,可在轮廓线附近用相交成 30°的细实线示意画出一部分,并在图上注明这些结构的具体要求。如图 6-25 所示。

（6）平面的画法

当图形不能充分表示平面时,可用平面符号（相交两细实线）表示。如图 6-26（a）所示。

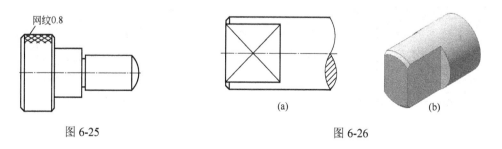

图 6-25　　　　　　　　　　　图 6-26

(7) 相贯线的简化画法

回转体上的交线在不致引起误解时，可以用直线或圆弧替代曲线。如图 6-27 所示。

(8) 对称和基本对称机件的简化画法

为了节约绘图时间和图幅，在不致引起误解时，对称机件的视图可以只画出 1/2 或 1/4，并在对称中心线的两端画上两条与其垂直的平行细实线（对称符号）。如图 6-28 所示。

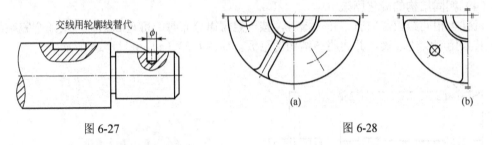

图 6-27　　　　　　　　　图 6-28

6.5　表示法看图

根据机件的表达方案分析了解剖切关系以及表达意图，运用形体分析法逐步想象出机件的内外结构形状。

① 概括了解。首先了解机件选用了哪些表示方法，图形的数量、所在位置等，对机件的结构形状有初步的认识。

② 仔细分析各个视图的表示法，了解各个视图的表达内容及重点。

③ 用形体分析法，逐步想象出机件的内外结构形状。

例 3　根据机件表达方案想象其内外结构形状。

观察图 6-29（a）可知，机件用三个基本视图绘制。主视图采用半剖视图及局部剖视图表达，俯视图采用半剖视图表达，左视图采用半剖视图表达。

主视图表达机件外形及轴线垂直于水平面的孔的内部情况，局部剖视图表达地板及顶板的孔的内部情况。

俯视图半剖视图表达机件地板、顶板外形及其上小孔的形状、位置和轴线垂直于正面的小孔的内部情况。

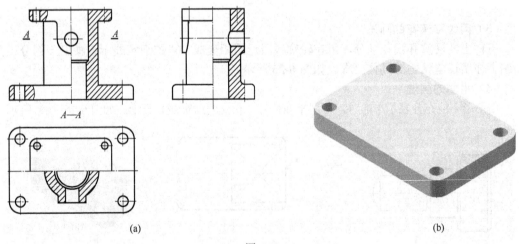

图 6-29

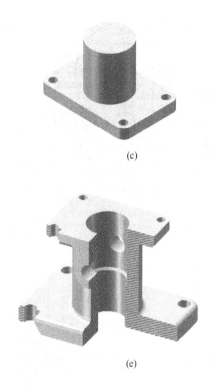
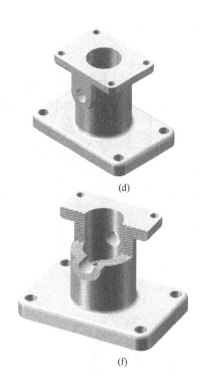

图 6-29

左视图补充表达 U 形柱与顶板及圆柱的连接关系和小孔的内部情况。

分析视图我们可以把该机件分解为 4 部分：底板、圆柱、顶板和 U 形柱。

结合三个视图，对投影，想形状。可知底板为带四个圆角四个小孔的长方体。如图 6-29（b）所示。圆柱叠加在地板上方，如图 6-29（c）所示。顶板的形状与地板类似并叠加在圆柱上面，U 形柱与顶板叠加且表面平齐，同时 U 形柱与圆柱相交。如图 6-29（d）所示。机件内部有轴线垂直于水平面的台阶孔，U 形柱上有小孔与机件内轴线垂直于水平面的孔相交。

例 4 根据机件表达方案想象其内外结构形状。

观察图 6-30（a）可知，机件用四个图形绘制，其中三个基本视图另一个为局部视图。主视图采用几个相交的剖切平面剖切的全剖视图表达，左视图采用局部剖视图表达，右视图为表达外形的视图。A 视图为局部视图。

主视图表达机件外形及轴线垂直于侧面的孔的内部情况，轴线垂直于正面的螺纹孔的形状和位置。

左视图表达机件外形和左端面的孔的形状、位置，轴线垂直于侧面的孔、槽的形状和位置，前、后螺纹孔的内部情况。

右视图表达机件外形。A 局部视图表达机件前面的形状及孔的形状和位置。

分析视图我们可以把该机件分解为 4 个部分：地板、圆柱、顶板和 U 形柱。

结合四个图形，对投影，想形状。可知机件主体为 U 形柱开 U 形槽。有圆柱叠加在其左边还有类 U 形柱叠加在其左边。如图 6-30（b）所示。U 形柱前面有带圆角的菱形柱与之相交，如图 6-30（c）所示。U 形柱后面有圆形凸台与之叠加。机件整体形状如图 6-30（d）所示。

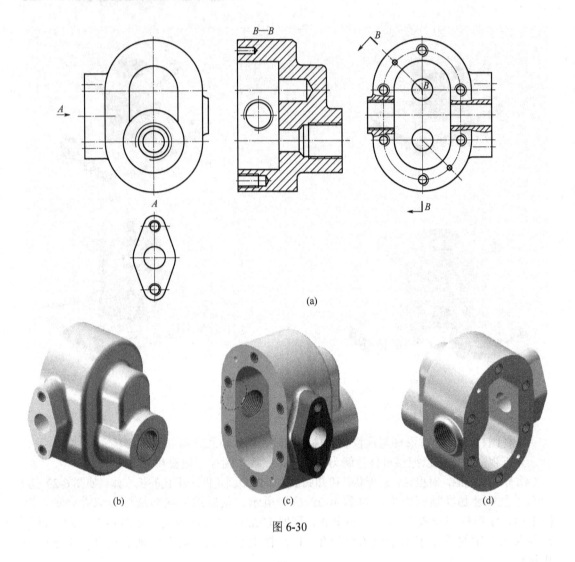

图 6-30

第 7 章 零件图

零件是组成机器或部件的基本单位。每一台机器或部件都是由许多零件按一定的装配关系和技术要求装配起来的。要生产出合格的机器或部件，必须首先制造出合格的零件。而零件又是根据零件图来进行制造和检验的。零件图是用来表示零件结构形状、大小及技术要求的图样，是直接指导制造和检验零件的重要技术文件。机器或部件中，除标准件外，其余零件，一般均应绘制零件图。

7.1 零件图概述

7.1.1 零件图的内容

零件图的内容如图 7-1 所示。

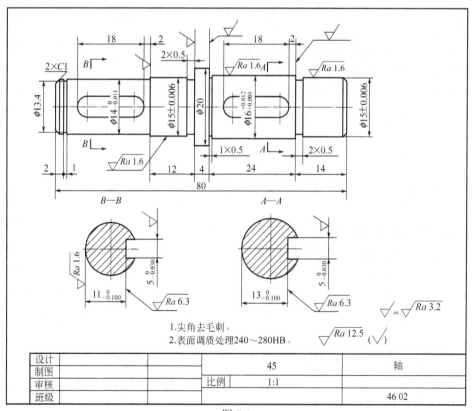

图 7-1

① 视图　用以完整、清晰地表达零件的结构和形状。
② 尺寸　零件图应正确、完整、清晰、合理地标注零件制造、检验时所需的全部尺寸。
③ 技术要求　标注或说明零件制造、检验或装配过程中应达到的各项要求，如表面粗糙度、尺寸公差、几何公差、热处理、表面处理等要求。
④ 标题栏　标题栏画在图框的右下角，需填写零件的名称、材料、数量、比例、制图、审核人员的姓名、日期等内容。（为便于掌握零件的视图表达、尺寸标注、技术要求的注写，我们一般把大小、形状各不相同的零件分为四大类：轴套类、盘盖类、叉架类、壳体类）。

7.1.2　零件的视图选择

零件的视图必须使零件上每一部分的结构形状和位置都表达完整、正确、清晰，并符合设计和制造要求，且便于画图和看图。要达到上述要求，在画零件图的视图时，应灵活运用前面学过的视图、剖视、断面以及简化和规定画法等表达方法，选择一组恰当的图形来表达零件的形状和结构。

视图选择的方法及步骤：①分析零件；②选主视图；③选其他视图；④方案比较。
在多种方案中比较，择优。择优原则：
① 在零件的结构形状表达清楚的基础上，视图的数量越少越好。
② 避免不必要的细节重复。

7.2　零件图上的尺寸标注

零件图应正确、完整、清晰、合理地标注零件制造、检验时所需的全部尺寸。
① 正确——尺寸标注要符合国家标准。
② 完整——尺寸必须注写齐全，既不遗漏，也不重复。
③ 清晰——标注尺寸的位置要恰当，尽量注写在最明显的地方。
④ 合理——所注尺寸应符合设计、制造和装配等工艺要求。
标注尺寸的基本规则：
① 尺寸数值为零件的真实大小，与绘图比例及绘图准确度无关。
② 图样中的尺寸以 mm 为单位，如采用其它单位，必须注明单位名称。
③ 图中所注尺寸为零件完工后尺寸。
④ 每个尺寸一般只标注一次。

7.2.1　组合体的尺寸标注

（1）棱柱、棱锥的尺寸标注（图 7-2）

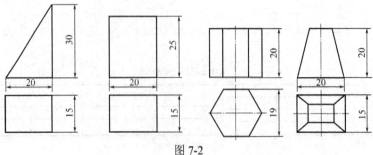

图 7-2

（2）回转体的尺寸标注（图7-3）

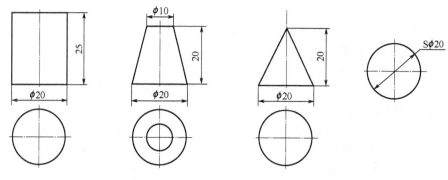

图 7-3

注意：圆柱、圆锥底圆直径尺寸加注尺寸符号φ，一般注在非圆视图上。

（3）切割体的尺寸标注

标注尺寸的步骤：标注出原来整体时的尺寸；标注切口部分的定形、定位尺寸。如图7-4所示。

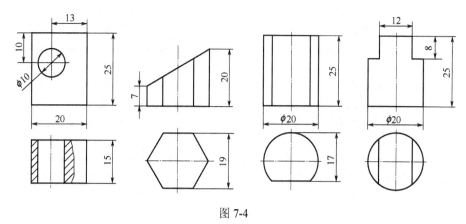

图 7-4

注意：如图7-5所示，不应标注截交线的大小尺寸；相贯线上不标注尺寸，只标注产生相贯线各形体的定形、定位尺寸。

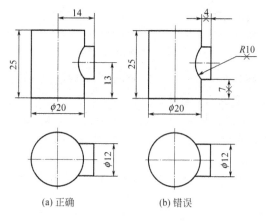

(a) 正确　　(b) 错误

图 7-5

（4）组合体的尺寸标注

组合体的尺寸种类：

① 定形尺寸——确定各基本形体的形状和大小的尺寸。

② 定位尺寸——确定各基本形体间的相对位置尺寸。

③ 总体尺寸——组合体的总长、总宽、总高尺寸。

步骤：①形体分析并选择尺寸基准；②标注各部分定形、定位尺寸；③标注各部分之间的定位尺寸；④适当调整，标注总体尺寸。

例1 标注图7-6（a）所示组合体的尺寸。

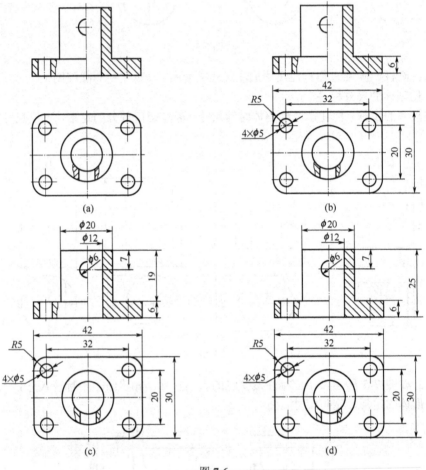

图 7-6

形体分析：物体可分解为两个部分，一部分为长方体底板，一部分为圆柱体。圆柱体叠加在底板的中间位置。选定底板底面为高基准、左右对称平面为长基准、前后对称平面为宽基准。

先标注底板的尺寸，底板基本体为长方体，注出长42、宽30、高6。底板上有4个圆角，标注圆角的定形尺寸R5。底板上有4个小孔，标注小孔的定形尺寸4×φ5，小孔的长定位尺寸32，宽定位尺寸20。

再标注圆柱体的尺寸，圆筒标注底圆直径φ20，高19，内孔直径φ12。其上小孔定形尺寸φ6，定位尺寸7。

标注总体尺寸，底板长为总长，底板宽为总宽。总高没有需要注出为25，高度方向增加了一个尺寸，相应的同一方向要减去一个尺寸，减去圆柱高19。

例 2 标注图 7-7（a）所示组合体的尺寸。

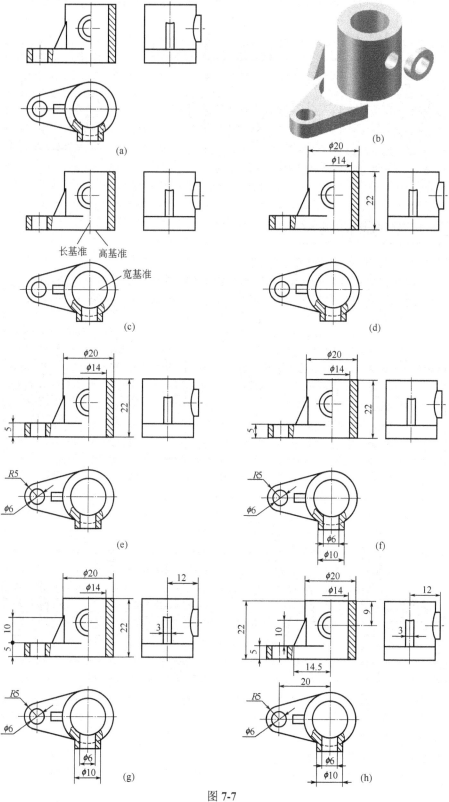

图 7-7

当组合体的端部不是平面而是回转面时，该方向一般不标注总体尺寸，而是由确定回转面轴线的定位尺寸和回转面的定形尺寸（半径或直径）来间接确定。如图7-8所示。

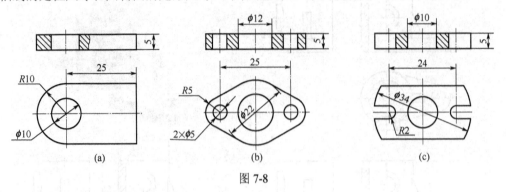

图 7-8

7.2.2 尺寸的清晰布置

为了看图方便，尺寸标注要整齐清晰。

① 应将多数尺寸标注在视图外，与两视图有关的尺寸，尽量布置在两视图之间。

② 串列尺寸尽量箭头对齐，并列尺寸小尺寸在内，大尺寸在外。如图7-7（h）、7-9（a）所示。

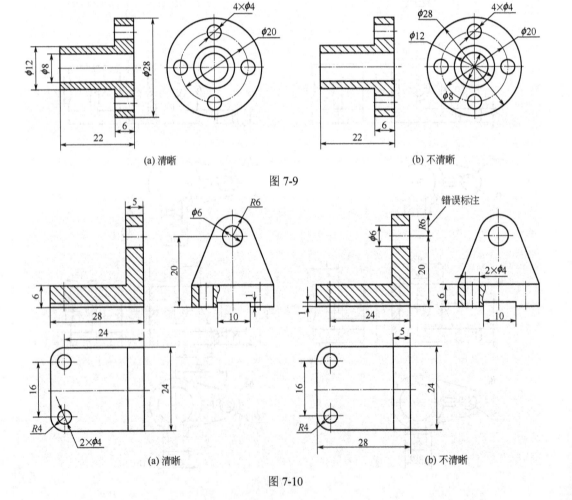

图 7-10

③ 同心圆柱的直径尺寸，最好注在非圆的视图上。
④ 把尺寸标注在形体特征明显的视图上（图 7-10）。
⑤ 同一形体定形、定位尺寸尽量集中标注。

7.2.3 尺寸基准

尺寸基准是标注或度量尺寸的起点。

在选择尺寸基准时，必须根据零件在机器中的作用、装配关系，以及零件的加工方法、测量方法等情况来确定。也就是说既要考虑结构设计的要求，又要考虑加工工艺的要求。

根据基准的作用不同可以把基准分成两类：
① 设计基准——是机器工作时确定零件位置的一些面、线或点。
② 工艺基准——是在加工或测量时确定零件位置的一些面、线或点。

通常我们把设计基准称为主要基准。

选择尺寸基准和标注尺寸时应注意：
① 物体的长、宽、高每个方向要有一个主要基准，如图 7-11 所示；
② 通常以组合体较重要的端面、底面、对称平面和回转体的轴线为主要基准，回转体一般确定其轴线的位置为主要基准；
③ 以对称平面为主要基准标注对称尺寸时，不应从对称平面往两边标注。

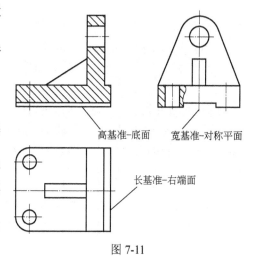

图 7-11

7.2.4 尺寸的合理标注

（1）尺寸标注应考虑设计要求，重要尺寸要从主要基准直接注出

这个问题是由于制造时有误差而引起的。

图 7-12 中，轴承孔的高应从底面直接标注尺寸 20，还是标注尺寸 5 和 15？表面看起来 5+15=20，没有差别。实际上由于每个尺寸在加工时有误差，加工尺寸 5 的误差加上加工尺寸 15 的误差后，就不能保证尺寸 20 的准确性。即不能满足设计要求。所以画图时要从底面直接标注尺寸 20。同理，为了在安装时，保证轴承座的安装孔与机座的两个螺孔能准确装配上，应直接标注孔心距 32。

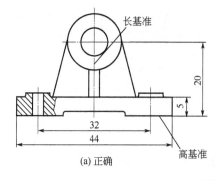 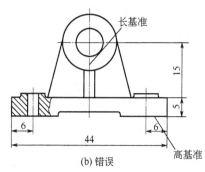

图 7-12

(2)尺寸标注应考虑工艺要求，测量方便

图 7-13（b）中尺寸 20 的测量比较困难。图 7-13（a）中改注尺寸 5 测量比较容易。

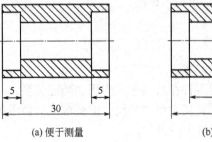

图 7-13

(3)避免出现封闭的尺寸链

如图 7-14 所示，由于 14+20=34，如果尺寸 34 的加工误差为 ±0.02，尺寸 14 加工误差为 ±0.016，则尺寸 20 的加工误差为 ±0.004，这将给加工带来很大的困难。事实上尺寸 14 和尺寸 20 的精度完全不必这么高。我们在构成封闭链的尺寸中，挑选一个次要的尺寸空出不注。如图 7-14（a）中，不注尺寸 20。这样其他尺寸的加工误差，就可以根据实际需要制订。将来所有尺寸的加工误差，全部累积在这个不需要检验的尺寸上。

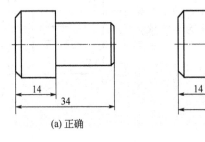

图 7-14

(4)尽量按加工顺序标注尺寸

图 7-15（a）中 $\phi 14$ 的圆柱长 20，退刀槽 2×1 是为加工该段圆柱退刀用的。加工顺序为先切制圆柱长 20，后用切刀加工退刀槽。所以标注尺寸时先注出圆柱长 20，后注出退刀槽且退刀槽的尺寸包在圆柱长 20 内。

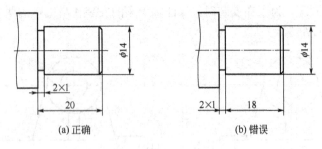

图 7-15

(5)不同工种的尺寸宜分开标注（图 7-16）

(6)在同一方向上，加工面和毛坯面只能有一个尺寸相联系

如图 7-17 所示，由于铸造误差比较大，尺寸 16 为铸造时保证的尺寸，与铸件是否机加

工无关。铸件加工后要同时保证尺寸 13 和尺寸 29 的准确性是不可能的。

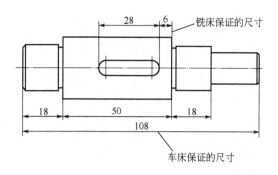

图 7-16

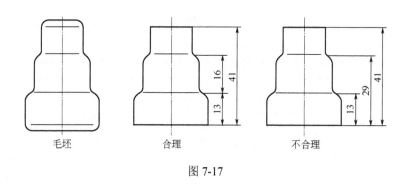

图 7-17

7.2.5 零件上常见结构的尺寸标注

（1）退刀槽、倒角、键槽等结构的尺寸标注

零件上的标准结构，如退刀槽、倒角、键槽等，应查阅有关国家标准，按规定标注尺寸。

图 7-18 所示的是零件上的倒角的注法。

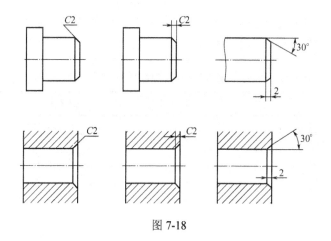

图 7-18

图 7-19 所示的是零件上的键槽、退刀槽的注法。

图样中的符号、缩写词及符号的画法见表 7-1。

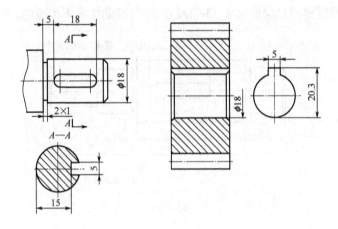

图 7-19

表 7-1 图样中的符号、缩写词及符号的画法（摘自 GB/T4458.4—2003）

名称	符号或缩写词	名称	符号或缩写词
直径	ϕ	正方形	□
半径	R	45°倒角	C
球半径	SR	弧长	⌒
球直径	$S\phi$	深度	↓
厚度	t	沉孔或锪平孔	⊔
均匀分布	EQS	埋头孔	∨

注：h 为字体高度

（2）零件时常见的光孔、螺孔、沉孔、销孔的标注

光孔、螺孔、沉孔和锪平孔是零件上常见的结构，它们的尺寸标注分为旁注法和普通注法。零件上常见孔的尺寸标注方法见表 7-2。

表 7-2 常见孔的尺寸标注（摘自 GB/T16675.2—1996）

类型		旁注法（主视图）	旁注法（俯视图）	普通注法	说明
光孔	孔端无倒角	4×ϕ4↓10 EQS	4×ϕ4↓10 EQS	4×ϕ4EQS 10	表示直径为 4mm 均布的 4 个光孔，孔深为 10mm
	孔端有倒角	4×ϕ4↓10 C1 EQS	4×ϕ4↓10 C1 EQS	4×ϕ4EQS C1 10	表示直径为 4mm 均布的 4 个光孔，孔端倒角宽度为 1mm，孔深为 10mm

续表

类型		旁注法（主视图）	旁注法（俯视图）	普通注法	说明
沉孔	锥形沉孔	6×φ9 ⌵φ17.6×90°	6×φ9 ⌵φ17.6×90°	90° φ17.6 6×φ9	表示直径为9mm的6个锥形沉孔，其锥顶角为90°，端面圆直径为17.6mm
	柱形沉孔	6×φ9 ⌴φ15▽9	6×φ9 ⌴φ15▽9	φ15 6×φ9	表示直径为9mm的6个柱形沉孔，沉孔直径为15，沉孔深度为9mm
	锪平孔	4×φ9 ⌴φ18	4×φ9 ⌴φ18	φ18 4×φ9	表示直径为9mm的4个小孔，其锪平孔直径为18，它的深度不注出。锪平到无毛面为止
螺纹孔	通孔	3×M8-7H 2×C1.5	3×M8-7H 2×C1.5	2×C1.5 3×M8-7H	表示公称直径为8mm、中顶径公差带代号为7H的3个螺纹孔，孔两端面倒角宽度为1.5
	不通孔	3×M8-7H▽16 孔▽20 C1.5	3×M8-7H▽16 孔▽20 C1.5	3×M8-7H C1.5 16 20	表示公称直径为8mm、中顶径公差带代号为7H的3个螺纹孔，螺孔深度为16mm，钻孔深度为20mm，孔端面倒角宽度为1.5
锥销孔		2×φ4锥销孔 配作	2×φ4锥销孔 配作		表示直径为4mm的2个锥销孔应与另一个零件上的锥销孔一起钻孔或绞孔

7.3　零件图图例及看图方法

在机械设计、制造、检验和维修的过程中，看零件图是一项非常重要的工作。

7.3.1　看零件图的方法和步骤

（1）看标题栏

从标题栏中了解零件的名称、材料、编号和比例等。大致了解零件在部件或机器中的作用。

（2）分析视图，想象零件的形状

分析表达零件的基本视图的数量和其他图形采用的表达方法。分析各个剖视图、断面图如何剖切，表达目的和作用，向视图如何投影等。根据零件的功用和视图特征，对零件进行形体分析，把它分解为几个部分。按照分解的几个部分，一个一个地对投影，想形状。主要是利用"三等"投影规律，在各个视图上找到该部分的图形，特别是要找出反映它的形位特征的图形，再把这些图联系起来，想象出它的形状。一般顺序：先主后次；先大后小；先易后难；先整体后细节。

（3）分析尺寸

最好能在部件装配图上找出所看零件的位置，了解零件各部分的功用。这样对于确定零件主要基准，分析零件各个部分的定形、定位尺寸帮助很大。

（4）分析技术要求

弄清零件哪些部分的要求比较高，在加工时采取什么措施（例如采用专用夹具）才能保证质量。

（5）归纳总结

将图形、尺寸和技术要求等综合起来考虑，并参阅相关资料，对零件有一个整体的认识，读懂零件图。

7.3.2 看零件图图例

例3 以图 7-20 所示轴的零件图为例，说明看零件图的方法和步骤。

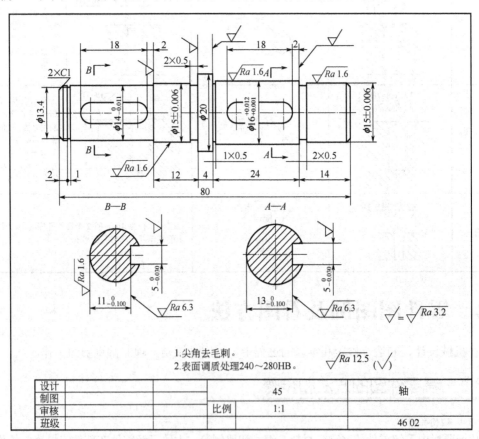

图 7-20

① 从标题栏中知道零件的名称为轴，材料是 45 钢，比例是 1∶1，编号为 4602，它是柱

塞泵上的一个零件。

② 根据轴套类零件的形状为共轴的回转体，且轴向尺寸相对于径向尺寸比较大。其加工过程主要在车床上进行，我们知道该类零件主视图放置位置是按加工位置原则即轴线水平放置的。为了在主视图上更多地反映零件的形状特征，一般选其上键槽朝前为主视投影方向。主视图加上直径尺寸即可表示轴的形状，所以绘图时只画一个基本视图即主视图。轴上两处键槽用 A—A 和 B—B 两处移出断面图表示。

③ 在图 7-21 柱塞泵工作原理图和图 7-22 柱塞泵零件分解图中看出，轴的主要功能是安装偏心凸轮、滚动轴承、齿轮等。

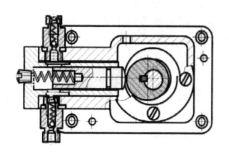

图 7-21

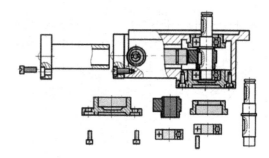

图 7-22

④ 尺寸分析。为了方便加工和测量，轴的径向基准为轴线。在此设计基准和工艺基准重合。为了保证凸轮安装的准确性选择ϕ20 圆柱的右端面为长度方向的基准。以轴的右端面为辅助基准以便在加工过程中方便测量。定形尺寸一般按照形体分析法标注。

⑤ 分析技术要求。

a. 有配合要求的表面，其表面粗糙度参数值较小，一般选择 Ra 的值 1.6μm 或 0.8μm。无配合要求表面的表面粗糙度参数值较大。

b. 有配合要求的轴颈尺寸公差等级较高，有间隙配合的轴颈一般选择 f6、f7、f8，有过渡配合的轴颈一般选择 k6、k7、k8。无配合要求的轴颈尺寸公差等级较低，或不需标注。

⑥ 归纳总结。综合起来得出轴的整体形象。ϕ20 圆柱的右端面为凸轮轴向定位面之一，其右边ϕ16 圆柱安装凸轮与凸轮有配合，因此ϕ16 圆柱面表面粗糙度较小，为了磨削其上切制退刀槽 2×0.5，为了连接凸轮其上开有键槽。ϕ20圆柱的左端和ϕ16圆柱的右端，各有一段尺寸精度ϕ15±0.006 的圆

图 7-23

柱，其上表面粗糙度 Ra 的值均为 1.6μm，说明这两段圆柱上安装由轴承。因为与轴承内圈有配合，所以有尺寸精度要求同时表面质量也较好，为加工这两段圆柱切制退刀槽 2×0.5。左边ϕ14 圆柱为动力的输入段，因此其上开有键槽。立体见图 7-23。

例 4 读图 7-24 所示端盖的零件图。

① 从标题栏中知道零件的名称为端盖，材料是 HT150 的铸铁，比例是 1∶1，编号为 0402，它是车床尾架上的一个零件。

② 根据盘盖类零件的形状主体为共轴的回转体，且轴向尺寸相对于径向尺寸比较小。其加工过程主要在车床上进行，我们知道该类零件主视图放置位置是按加工位置原则即轴线水

平放置的。多采用两个基本视图表示。图7-24中主视图采用几个相交的剖切面剖切画出的全剖视图表示内部结构；另一个右视图表示零件的外部轮廓形状。

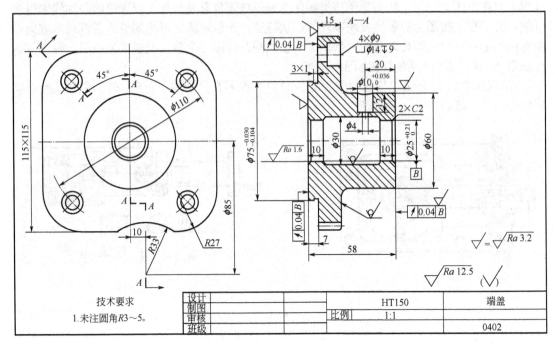

图 7-24

③ 尺寸分析。为了方便加工和测量，端盖的径向基准为轴线。一般选择安装定位面为长度方向的基准。图7-24中选择端盖主视图的左端面为长基准。

④ 分析技术要求。

a. 安装定位面，其表面粗糙度参数值较小，一般选择 Ra 的值 3.2μm。

b. 有配合要求的孔尺寸公差等级较高，有间隙配合的孔一般选择 H6、H7。

c. 为了保证安装时与其他接触件的装配质量端面有圆跳动几何公差要求。

⑤ 归纳总结。综合起来得出端盖的整体形象，见图7-25。

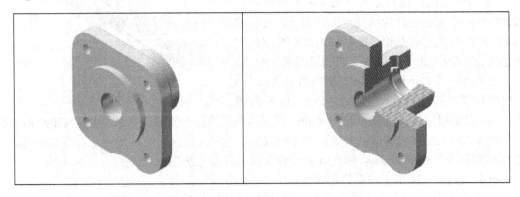

图 7-25

例5 读图7-26所示叉架的零件图

① 从标题栏中知道零件的名称为托架，材料是HT150的铸铁，比例是1∶1，编号为0502。

② 叉架类零件的形状结构按功能分为三部分：工作部分、安装部分和连接部分，我们知

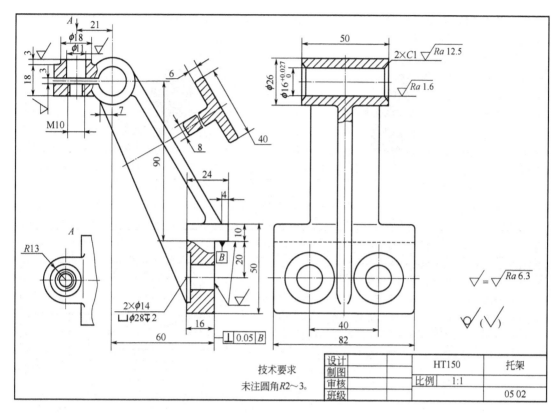

图 7-26

道该类零件形式多样,结构不规则,常为铸件或锻件需经过不同的机械加工,而加工位置难以分出主次,因此主视图是按自然安放位置、工作位置和形状特征来确定的。多采用两个基本视图或更多基本视图表示。图 7-26 中主视图采用两处局部剖视图重点表示安装孔内部结构和螺纹夹紧部分内部结构,并表示零件的整体形状;另一个左视图中局部剖视图表示工作部分孔的内部结构,并表示零件的外部轮廓形状。为了表示 T 形肋板的形状,采用了两个相交剖切面的断面图。螺纹夹紧部分外形通过 A 局部视图表示。

③ 尺寸分析。安装部分的安装基面一般注出定位尺寸,常选它为基准。图 7-26 中选择安装板的右端面为长基准,标注定位尺寸 90 的安装底面为高基准,以左视图的前后对称平面为宽基准。定形尺寸一般按照形体分析法标注。

④ 分析技术要求。

a. 安装定位面,其表面粗糙度参数值较小,一般选择 Ra 的值 3.2μm。

b. 有配合要求的孔尺寸公差等级较高,有间隙配合的孔一般选择 H6、H7。

c. 根据具体使用要求来确定各加工表面的技术要求。

⑤ 归纳总结。综合起来得出托架的整体形象。见图 7-27。

例 6 读图 7-28 所示泵体的零件图。

① 从标题栏中知道零件的名称为泵体,比例是 1:1,编号为 0601。

② 分析视图,想象零件的形状。参考图 7-21 和图 7-22 和图 7-28。这是壳体类零件,它是组成机器或部件的主要零件,起支撑和包容其他零件的作用,因此结构比较复杂。加工位置变化较多,主视图是按自然安放位置、工作位置和形状特征来确定的。这个柱塞泵泵体采用三个基本视图、B 局部视图和 A—A 局部剖视图表示。该泵体上有两条装配线路:一条装

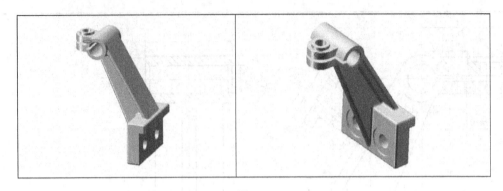

图 7-27

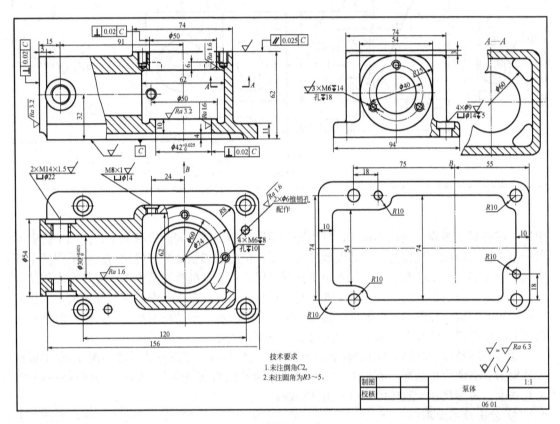

图 7-28

轴上的凸轮、轴承等零件，另一条装柱塞套和柱塞等零件。主视图为单一剖切面剖切绘制的局部剖视图，剖切部分主要表示安装轴的装配线的内部形状，没有剖切部分主要表示单向阀安装孔的形状和位置及左端圆柱形凸台的外形。俯视图为单一剖切面剖切绘制的局部剖视图，剖切部分主要表示安装柱塞套和柱塞装配线的内部形状，并表示了安装单向阀孔和安装油杯孔的形状及泵体壁厚。没有剖切部分主要表示上面圆柱形凸台外形及其上安装孔的形状和位置。俯视也表示了底板上安装孔和销孔的形状和位置。左视图主要表示外形，其上局部剖视图表示底板安装孔的内部形状。B 局部视图主要表示底板上凹槽的形状。同时底板上的一些尺寸在局部视图上标注也使图形上尺寸清楚明了。A—A 局部剖视图主要表示为了使铸件壁厚均匀在上面腔体内开的凹槽的形状。为了看懂泵体的形状对形体进行形体分析，对投影。

只看视图，见图 7-29。

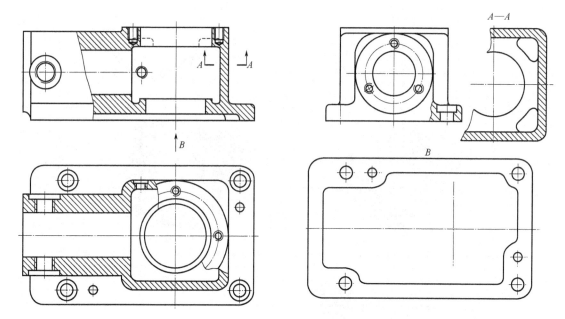

图 7-29

形体分析：观察视图，我们可以把泵体分解为底板、右边的形体和左边的形体三个部分。结合主视图剖切和未剖切投影为类矩形，俯视为带圆角的矩形，左视为类矩形，可判断底板基本体为长方体。底板底面开槽，其形状在 B 局部视图表示，槽深在主视图表示。底板作为安装板，其上还有四个安装孔，安装孔的内部形状在左视图的局部剖视图部分表示。为了安装时定位准确，底板上还有两个销孔。具体形状见图 7-30（a）、（b）。右边形体的主视图为类矩形，俯视图为带圆角的类矩形，左视图为类矩形，可判断右边形体基本体为长方体。由于其上部要安装端盖，所以长方体上面有一个圆柱形凸台，凸台上有四个安装螺纹孔。A—A 局部剖视图主要表示为了使铸件壁厚均匀在上面腔体内开的凹槽的形状。见图 7-30（c）、（d）。左边形体的主视图为类矩形，俯视图为类矩形，左视图为带圆角的类矩形，可判断左边形体基本体为长方体。由于其上要安装端盖，所以长方体左边端面有一个圆柱形凸台，凸台上有三个安装螺纹孔，见图 7-30（e）。三个部分组合形式都为叠加。

③ 尺寸分析。泵体结构较复杂，尺寸数量较多，一定要先找到基准。图 7-28 中选择泵体主视图的 $\phi 50$、$\phi 42$ 圆孔的对称中心线，即装配后轴的轴线为长基准，由此注出定位尺寸 91、24、75、55。以底板的底面为高基准，由此注出定位尺寸 32，确定安装柱塞套、柱塞的孔的位置。泵体前后对称以其前后对称平面为宽基准。其它尺寸用形体分析法标注。两条装配线的孔与相连接的零件有配合关系，因此尺寸精度较高，安装轴的装配线上的孔 $\phi 50^{+0.025}_{0}$、$\phi 42^{+0.025}_{0}$，安装柱塞套的孔 $\phi 30^{+0.021}_{0}$。

④ 分析技术要求。

a. 安装定位面，其表面粗糙度参数值较小，一般选择 Ra 的值 3.2μm。

b. 有配合要求的孔尺寸公差等级较高，有间隙配合的孔一般选择 H6、H7。

c. 为了保证安装时与其他接触件的装配质量端面有平行度、垂直度几何公差要求。

⑤ 归纳总结

综合起来得出泵体的整体形象，见图 7-31。

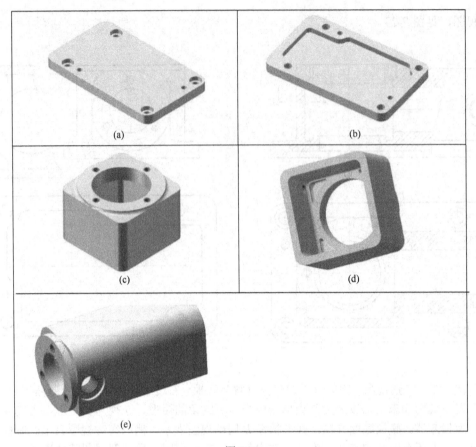

图 7-30

图 7-31

第8章 装配图的绘制和识读

装配图是表达机器或部件的图样,是表达机器或部件的工作原理、零件之间的装配关系和相互位置,以及主要零件的结构形状等。设计过程中,一般都要先画出装配图,将机器或部件的工作原理、装配关系和技术要求等设计思想通过装配图表达出来。再根据装配图设计零件及绘制零件图。在生产过程中,装配图是制订装配工艺规程,进行装配和检验或维修的技术依据。

8.1 装配图内容

装配图的内容主要有以下四个方面。

① 一组视图　用常用表达方法和特殊表达方法,正确、清晰和简便地表示机器或部件的工作原理、各零件的装配关系和主要零件的结构形状。

② 必要的尺寸　零件图应标注出反映机器或部件的规格、性能、外形及装配、安装和总体尺寸。

③ 技术要求　用文字和符号注出机器(或部件)的质量、装配、使用等方面的要求。

④ 标题栏、零件序号和明细栏　说明机器或部件的图名、图号、比例、设计单位、制图、审核、日期等。为了生产和管理上的需要,在装配图上按一定格式将零、部件进行编号并填写明细栏。

8.2 装配图的表示法

在零件图上所采用的各种表示法同样适用于装配图。由于装配图表达多个零件组成的部件,其表达目的与零件图不同。为此国家标准《机械制图》还对装配图制订了规定画法、简化画法和特殊表示法。

8.2.1 规定画法

① 相邻零件的接触表面和配合表面只画一条线;不接触表面和非配合表面画两条线。如图8-1所示。

② 两个(或两个以上)零件邻接时,剖面线的倾斜方向应相反或间隔不同。但同一零件在各视图上的剖面线方向和间隔必须一致。如图8-1(b)所示。

③ 剖切面通过标准件和实心件轴线时,它们按不剖画。如图8-1所示。

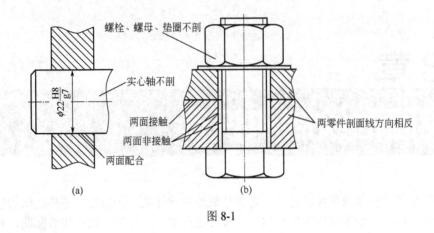

图 8-1

8.2.2 特殊画法

（1）拆卸画法

① 在装配图的某个视图上，如果有些零件在其它视图上已经表达清楚，而又遮住了需要表达的零件时，可假想将其拆除掉不画，并应注明"拆去××零件"或写"拆去×号零件"。如图 8-2 所示。

② 在装配图中，为了表示内部结构，可假想沿着某些零件的结合面剖开。注意在结合面区域中不画剖面线。如图 8-2 所示。

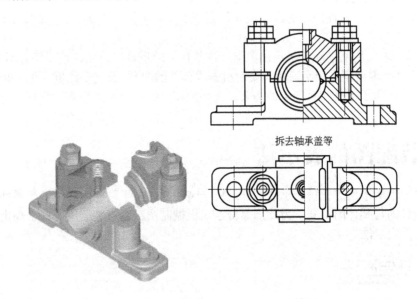

图 8-2

（2）假想画法

① 表示部件中运动件的极限位置，用双点画线假想地画出轮廓。如图 8-3 所示。

② 为了表达不属于某部件，又与该部件有关的零件，用双点画线假想地画出与其有关部分的轮廓。如图 8-5 所示。

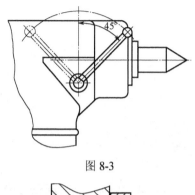

图 8-3

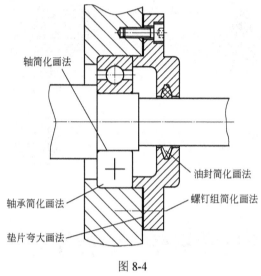

图 8-4

（3）简化画法

装配图上为表达清晰、画图简便，应用的简化画法主要有下面几种：

① 对于装配图中的同一规格的螺纹连接件，允许只画一个或一组，其余的用点画线表示中心位置。

② 对于装配图中的滚动轴承、油封，在剖视图时可以画一边，另一边用简化画法。垫片可以涂黑表示。

③ 在装配图中，零件的工艺结构，如圆角、倒角、退刀槽等允许不画。

（4）夸大画法

在装配图中，对于一些薄垫片、小直径弹簧等，允许不按比例，而适当加大尺寸画出。如图 8-4 所示。

（5）单独表示某个零件

在装配图中，有时要特别表示某个零件的结构形状，可以单独画出该零件的某个视图。但必须标注。

（6）展开画法

为了表达不在同一平面内而又相互平行的轴上的零件，假想将各轴按传动顺序，沿它们的轴线剖开，依此将轴线展开在同一平面上画出，并注明"×—×展开"。如图 8-5 所示。

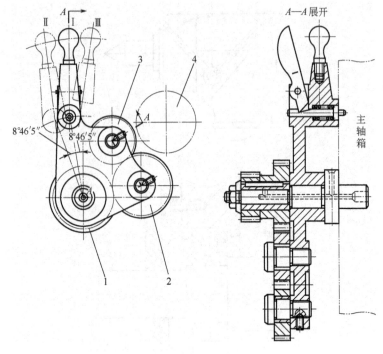

图 8-5

8.3 装配图的尺寸标注、零件序号和明细栏

8.3.1 装配图的尺寸标注

装配图是为装配机器或部件用的，或在设计时拆画零件图用的，所以在装配图上只需注出与机器或部件性能、装配、安装、运输有关的尺寸。

（1）性能（规格）尺寸

它表示了部件的性能或规格。这类尺寸在该装配体设计前就已确定，是设计的一个主要依据。如图 8-2 中轴承座内孔直径。

（2）装配尺寸

① 配合尺寸　表示零件之间配合性质的尺寸。

② 重要的相对位置尺寸　在装配时必须保证的尺寸。如图 8-14 中的齿轮中心距 45。

a. 安装尺寸。将部件安装到其它基础上所必需的尺寸。

b. 外形尺寸。表示部件的总长、总宽、总高。它反映了部件的大小，提供了部件在包装、运输过程中所占空间的大小。

8.3.2 零件序号

（1）零件序号编写原则

为了便于看图，便于生产准备和图样管理，装配图中所有的零件都必须编写序号。完全相同的零件只编写一个序号。

（2）序号的注写形式

序号由点、指引线、横线（或圆圈）和序号数字组成。指引线、横线用细实线画出。指引线相互不交错，当指引线通过剖面线区域时应与剖面线斜交，避免与剖面线平行。序号数字比装配图的尺寸数字大一号或两号。同一组紧固件可采用公共指引线；标准部件（如油杯、滚动轴承等）可看成一个部件，只编写一个序号。由于薄零件或涂黑的剖面内不便画圆点，可在指引线的末端画出箭头。如图 8-6 所示。

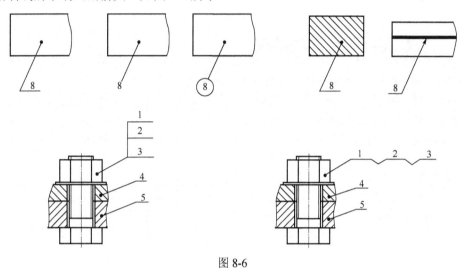

图 8-6

（3）序号的排列方法

零、部件序号应沿水平或垂直方向按顺时针（或逆时针）方向顺次排列整齐，并尽可能均匀分布。

8.3.3 明细栏

明细栏的形式如图 8-7 所示。

图 8-7

① 明细栏画在标题栏的上方，若向上位置不够时，明细栏的一部分可以放到标题栏的左边。
② 零件序号自下而上从小到大的顺序填写。
③ 对于标准件，代号栏内填写标准编号，名称栏内填写规定标记。

8.4 装配结构的合理性

8.4.1 接触面和配合面的结构

① 两个零件在同一个方向上，只能有一个接触面。

当两个零件接触时，在同一方向上接触面最好只有一个。否则就必须提高接触处的尺寸精度，增加加工成本。如图 8-8（a）所示。

② 轴和孔的配合面，同一个方向上，只能有一个配合面。如图 8-8（b）所示。

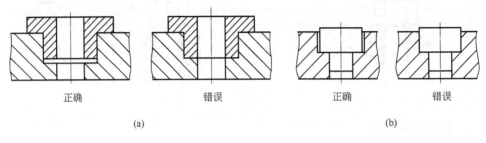

图 8-8

③ 锥面配合，圆锥小端与锥孔底部之间必须留有间隙。否则达不到锥面配合要求。如图 8-9（a）所示。

④ 轴肩处加工出退刀槽，或在孔的端面加工出倒角，以保证端面紧密接触。如图 8-9（b）所示。

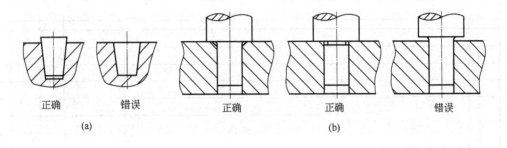

图 8-9

⑤ 采用沉孔或凸台结构，减少零件间接触面积，不但可以降低加工成本，而且可以保证良好接触。如图 8-10 所示。

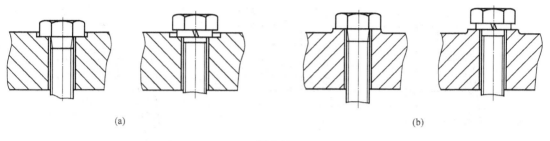

图 8-10

8.4.2 螺纹连接的结构

① 被连接件通孔的直径比螺纹公称直径或螺杆公称直径稍大,以便于装配,如图 8-11(a)所示。

② 为了便于紧固件的拆装,要留有足够的空间,如图 8-11(b)所示。

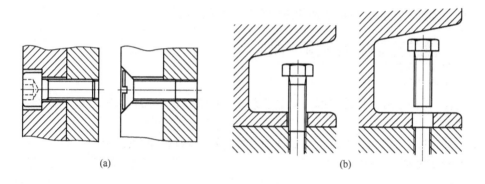

图 8-11

8.4.3 维修时拆卸方便

① 滚动轴承是部件上的常用件,易磨损。设计时要考虑轴承的内圈和外圈的安装和拆卸的方便。如图 8-12 所示。

② 用螺纹紧固件连接零件时,应考虑安装和拆卸的可行性。如图 8-13 所示。

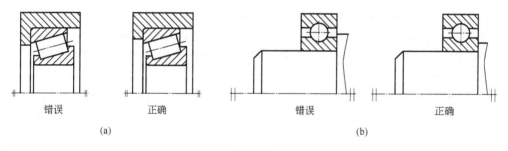

图 8-12

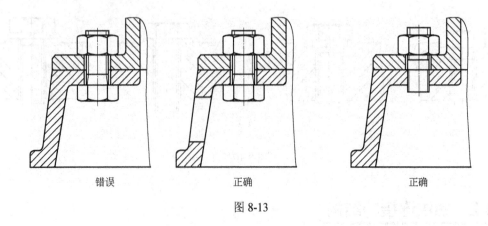

图 8-13

8.5 装配图识图并拆画零件图

读装配图的目的，是从装配图中了解部件中各个零件的装配关系，分析部件的工作原理，并能分析和读懂其中主要零件及其他有关零件的结构形状。

8.5.1 读装配图的方法和步骤

（1）概括了解

① 看标题栏了解部件的名称，对于复杂部件可通过说明书或参考资料了解部件的构造、工作原理和用途。

② 看零件编号和明细栏，了解零件的名称、数量和它在图中的位置。

（2）分析视图

分析各视图的名称及投影方向，弄清剖视图、剖面图的剖切位置，从而了解各视图的表达意图和重点。

（3）分析工作原理、传动关系

分析装配体的工作原理，一般应从传动关系入手，分析视图及对参考说明书进行了解。

（4）分析零件间装配关系、读懂零件的主要结构形状和功用

分析各条装配干线，弄清各零件间相互配合的要求，以及零件间的定位、连接方式、密封等问题。最好能在部件装配图上找出所看零件的位置，了解零件各部分的功用。这样对于确定零件主要基准，分析零件各个部分的定形、定位尺寸帮助很大。

下面以齿轮油泵的装配图为例说明读装配图的方法及步骤。

① 概括了解　在如图 8-14 所示的标题栏中可以看到装配体是齿轮油泵。它是一种供油装置。绘图的比例为 1∶1，即实体与图样一样大。由明细栏可知该装配体共有 15 个零件组成，为较简单的部件。

② 分析视图　图 8-14 上的主视图 $A—A$ 为几个相交的剖切面剖切画出的全剖视图，它表达了齿轮油泵的齿轮啮合关系；齿轮轴的配合关系；左、右端盖与泵体的定位和连接；右端盖的密封装置。左视图采用了沿左泵盖与泵体的结合面剖开的装配图特殊画法画出的半剖视图，并在泵体上采用了局部剖视图的画法，表达了齿轮的啮合情况及进出油口。B 局部视图表达了地板的形状及其上安装孔的形状、位置。

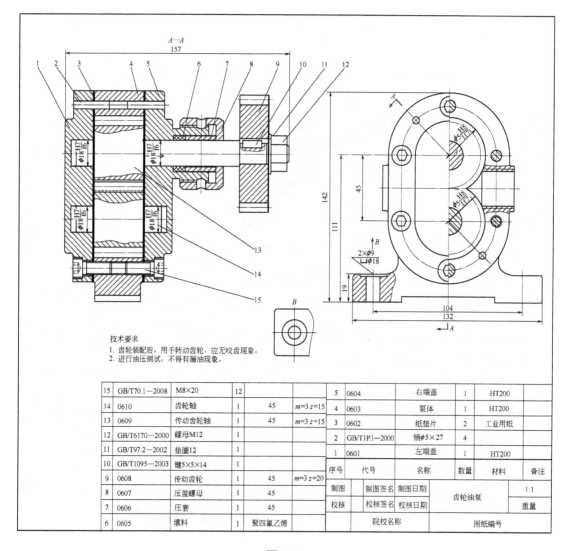

图 8-14

③ 分析工作原理、传动关系　当动力由主动轴输入时，主动齿轮轴产生旋转运动。当主动齿轮轴按逆时针方向旋转时，从动齿轮轴则按顺时针旋转，如图 8-15 所示。此时右边啮合的轮齿逐步分开，齿隙空腔变大，油压下降，油箱中的油在大气压的作用下，由进油口进入泵腔。齿槽中的油随着齿轮旋转被带到左边泵腔；左边的轮齿逐步啮合，齿隙空腔变小，使左边泵腔油压增大，经出油口压出，再经管路输送到需要供油的部位。

④ 分析零件间装配关系、读懂零件的主要结构形状和功用　这是读装配图的关键阶段，这一阶段要求进行深入细致的读图。一般来说包含下列几个方面。

a. 运动关系。装配体中那些零件是运动的，运动如何传递，运动的形式是什么（转动、摆动、移动等）。图 8-14 齿轮泵装配图中动力由传动齿轮 9 输入，通过键连接，该齿轮转动带动主动齿轮轴 13 转动，主动齿轮轴进而带动从动齿轮轴 14 转动。

b. 配合关系。凡是配合的零件，要弄清配合种类、配合性质等，可看图中配合标注。

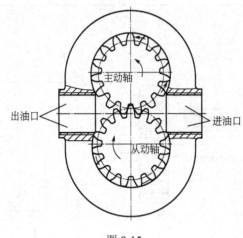

图 8-15

齿轮轴在左、右泵盖孔中的配合均为 $\phi18H7/f6$，为基孔制的间隙配合，齿轮轴可以在泵盖孔中转动。齿轮与泵体孔的配合均为 $\phi51H8/f7$，为基孔制的间隙配合，齿轮可以在泵体孔中转动。

c. 连接和固定。由图可清楚看到左、右泵盖是各有六个螺钉连接到泵体上的。传动齿轮 9 一端靠轴肩轴向定位，另一端靠垫圈、螺母固定。

d. 定位和调整。左、右端盖靠销定位。齿轮轴靠端盖端面定位。左、右端盖与齿轮和泵体的间隙靠改变垫片的厚度调整。

e. 密封和润滑方式。右端盖内孔有填料、压套、压盖螺母密封。左、右端盖与泵体接触面靠垫片密封。

f. 装拆顺序。如图 8-14 和图 8-16 所示，齿轮油泵的拆装顺序：

图 8-16

- 拆下螺母 12 以后，取下垫圈 11，拆传动齿轮 9，拆下键 10。
- 拆下压盖螺母 8 以后，取下压盖 7，拆下填料 6。
- 拆下右端盖六个螺钉以后，取下右端盖 5，拆下垫片。
- 拆下主动齿轮轴 13 以后，取下从动齿轮轴 14。
- 拆下左端盖六个螺钉以后，取下左端盖 1，拆下垫片。

以上几个方面在读图过程中是相互联系的，综合进行的。

8.5.2 看懂零件形状，拆画零件图

在设计过程中，首先画出装配图，然后根据装配图画出零件图。根据装配图画出零件图是一项重要的生产准备工作。

拆画零件图的主要对象为装配体中的一般零件。拆画零件图的步骤：

（1）认真阅读装配图

在拆画零件图之前，一定要认真阅读装配图，完成读图的各项要求。分离零件时，应利用投影关系、剖面线方向和间隔，零件编号及装配图的规定画法和特殊表达方法等分离零件，然后想象其形状，了解其作用。

（2）补画出所缺的图线

从装配图上分离出零件的结构形状后。要补画出所缺的图线，一般包括：

① 该零件在装配图上被其他零件遮住的轮廓。
② 在装配图上没有表达清楚的零件结构。
③ 在装配图上被省略的标准要素，如倒角、圆角、退刀槽等。

（3）确定视图表达方案

零件图和装配图所表达的对象和重点不同，因此拆图时零件的视图选择应根据零件本身的结构形状重新考虑，原装配图中对该零件的表达方案仅供参考。一般壳体、箱座类零件主视图所选的位置与装配图一致，轴套类零件、盘盖类零件，一般按加工位置选取主视图。

（4）合理标注零件的尺寸

① 装配图上已注明的尺寸，零件图上应保证不变。
② 对有标准规定的尺寸，如倒角、螺纹孔、螺栓孔、沉孔、螺纹退刀槽、砂轮越程槽、键槽等，应从《机械设计手册》中查取。
③ 有些尺寸需要根据装配图上所给的参数进行计算，如齿轮分度圆直径，应根据模数和齿数计算而定。
④ 其他未注的尺寸可按装配图的比例，直接从图形上量取，对于一些非重要尺寸应取整数。

（5）合理注写零件的技术要求

在零件图中应注写表面粗糙度代号、公差配合代号或极限偏差，必要时还要加注几何公差，热处理等技术要求。这些内容可根据零件在装配体上的作用并参阅有关资料予以确定。

下面以拆画齿轮油泵中右端盖为例说明拆画零件图的方法。

① 认真阅读装配图　前面我们已经读懂了齿轮油泵的装配图，要拆画右端盖首先根据零件序号所指位置和剖面区域在主视图上分离零件。观察左视图外形，可知所绘制零件右端盖的外形。

② 补画所缺的图线　补画出右端盖被齿轮轴、压套、螺钉、销所遮住的轮廓。

③ 确定视图表达方案　右端盖为盘盖类零件，这类零件的主视图选择按加工位置原则即轴线水平放置。因此主视图零件放置位置选与装配图中状态一致。由于右端盖上有轴孔、安装孔、定位销孔、安装填料孔等内部结构，所以仍选择与装配图表达相同的全剖视图。习惯选择主、左两个基本视图。所以零件图中右端盖与装配图中左右翻转。

④ 合理标注零件的尺寸　装配图上有的尺寸要抄注，其他尺寸数值由装配图量取。要做

到尺寸标注正确、清晰、完整、合理。

⑤ 合理注写零件的技术要求　零件图上的技术要求，根据零件在部件中的作用来定。一般要参考同类产品来制定。

拆图如图 8-17、图 8-18 所示。

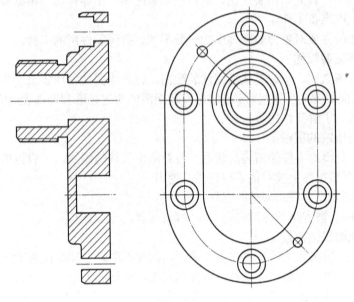

图 8-17

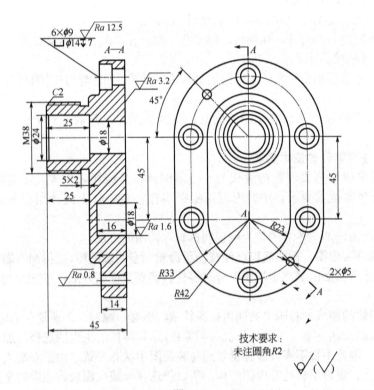

技术要求：
未注圆角R2

图 8-18

实践练习

实践练习 1

1-1 根据两面视图画出第三视图,分析比较左、右两物体的变化,并填空。

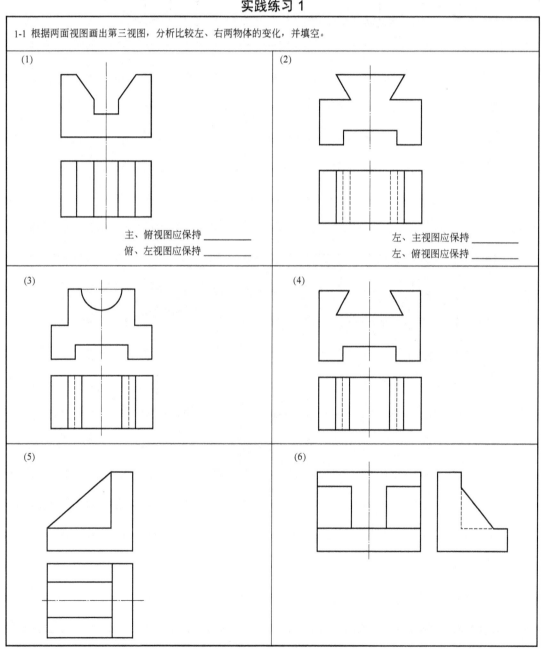

(1) 主、俯视图应保持 _____
　　俯、左视图应保持 _____

(2) 左、主视图应保持 _____
　　左、俯视图应保持 _____

1-2 根据轴测图画出物体的三视图（尺寸从轴测图中1∶1度量）。

(1)

(2)

(3)

(4)

实践练习 2

2-1 求作直线的第三面投影,分析其投影特点,判断直线的空间位置,并填空。

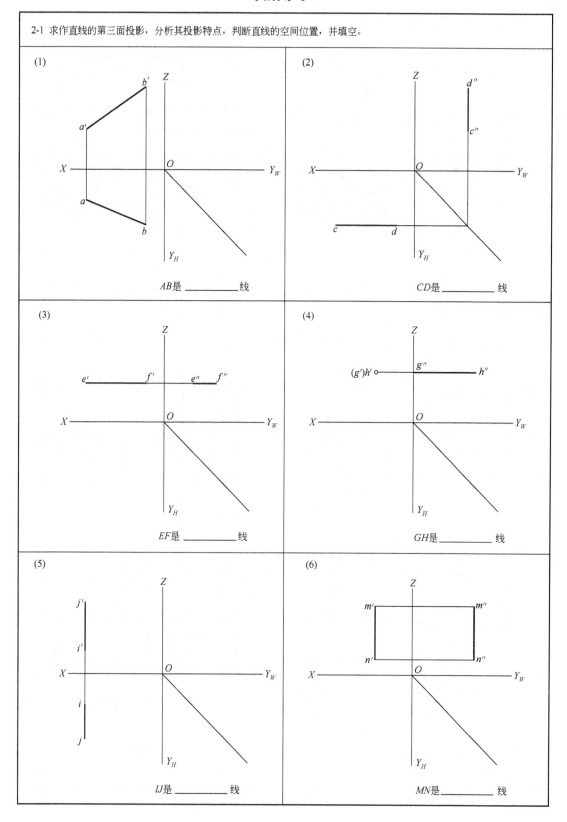

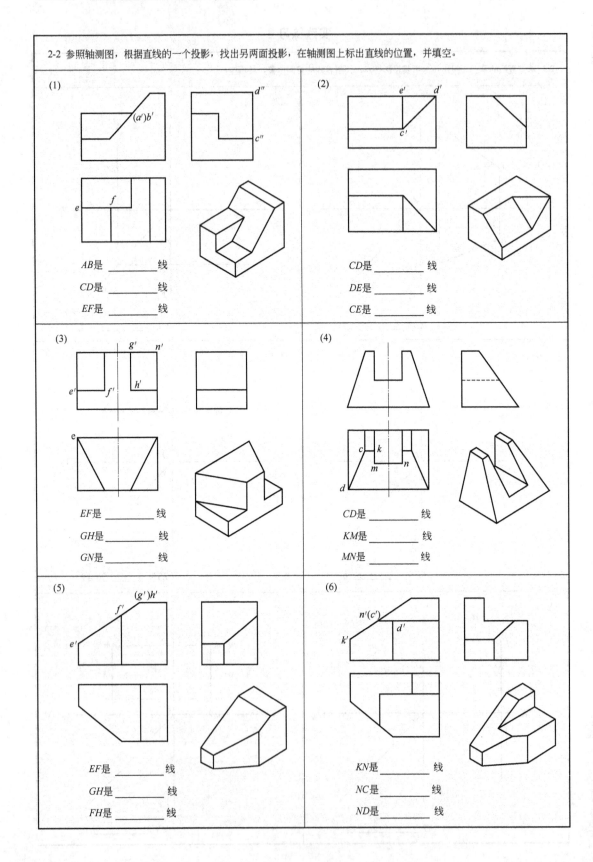

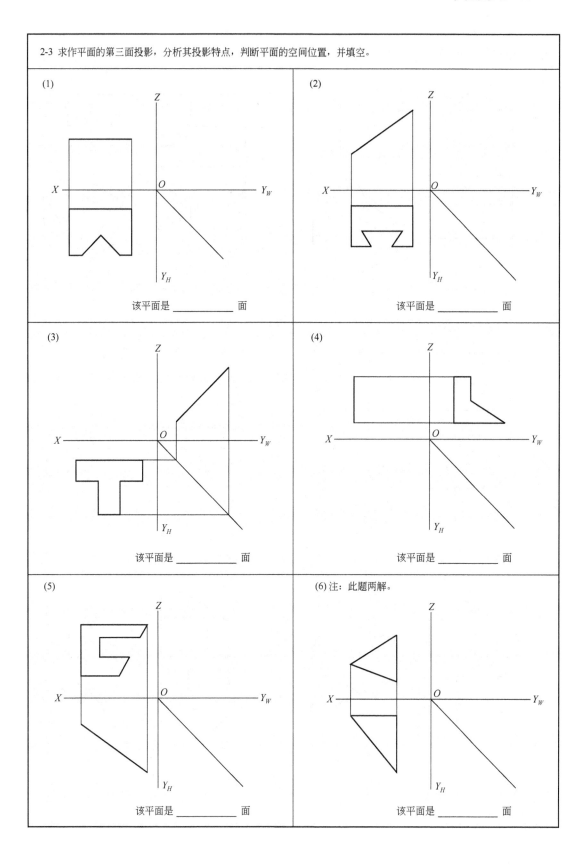

2-4 参照轴测图，根据平面的一个投影，找出另两面投影，在轴测图上标出平面的位置，并填空。

(1)

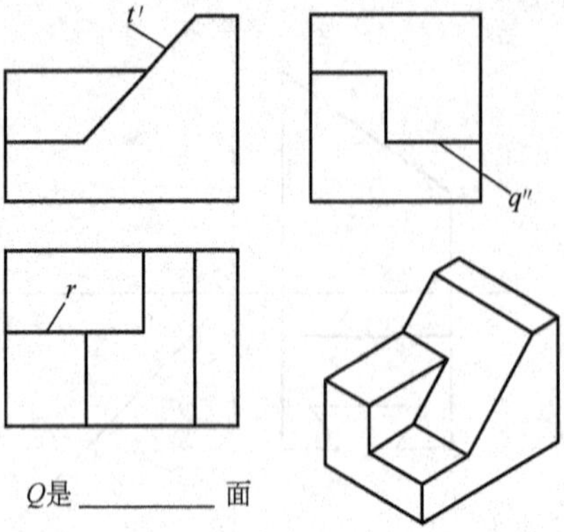

Q 是 _____ 面
R 是 _____ 面
T 是 _____ 面

(2)

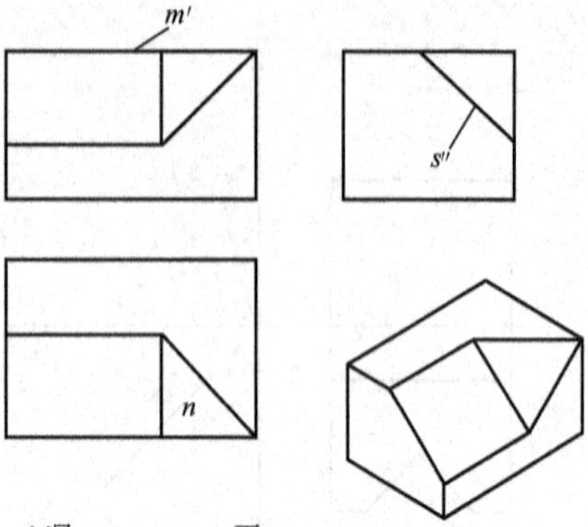

M 是 _____ 面
N 是 _____ 面
S 是 _____ 面

(3)

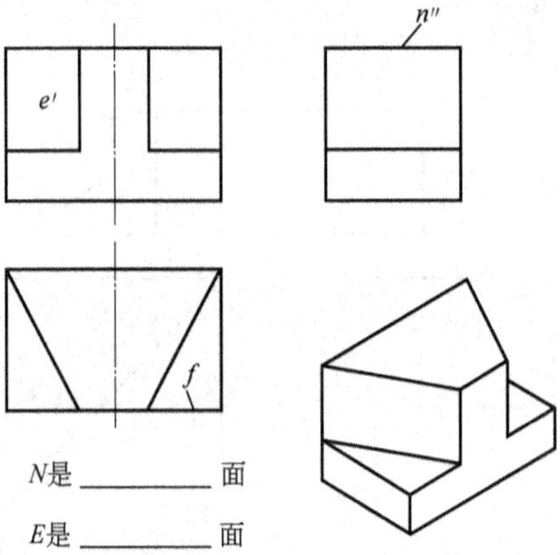

N 是 _____ 面
E 是 _____ 面
F 是 _____ 面

(4)

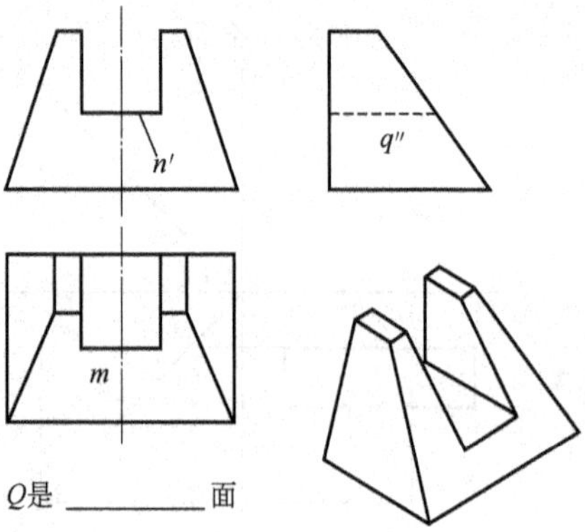

Q 是 _____ 面
M 是 _____ 面
N 是 _____ 面

(5)

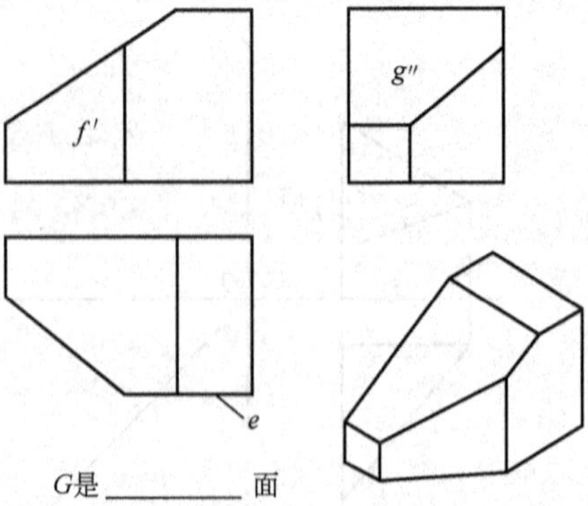

G 是 _____ 面
E 是 _____ 面
F 是 _____ 面

(6)

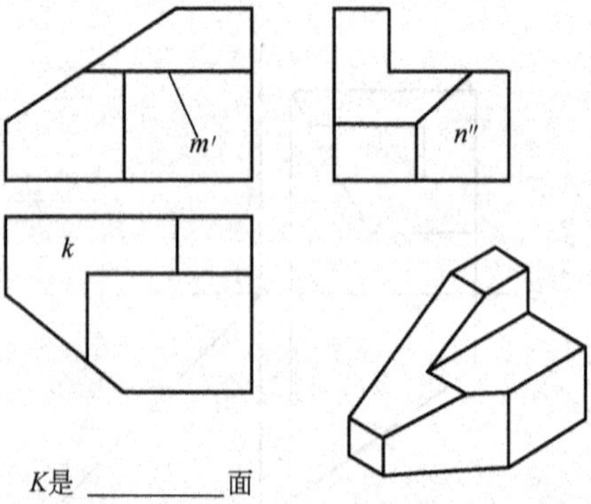

K 是 _____ 面
M 是 _____ 面
N 是 _____ 面

实践练习 3

3-1 求作平面立体的第三视图,并补全立体表面上各点的三面投影。

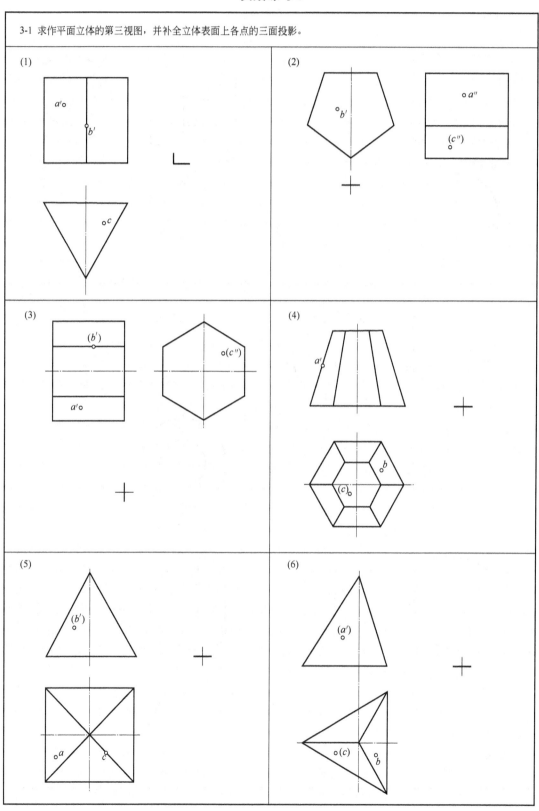

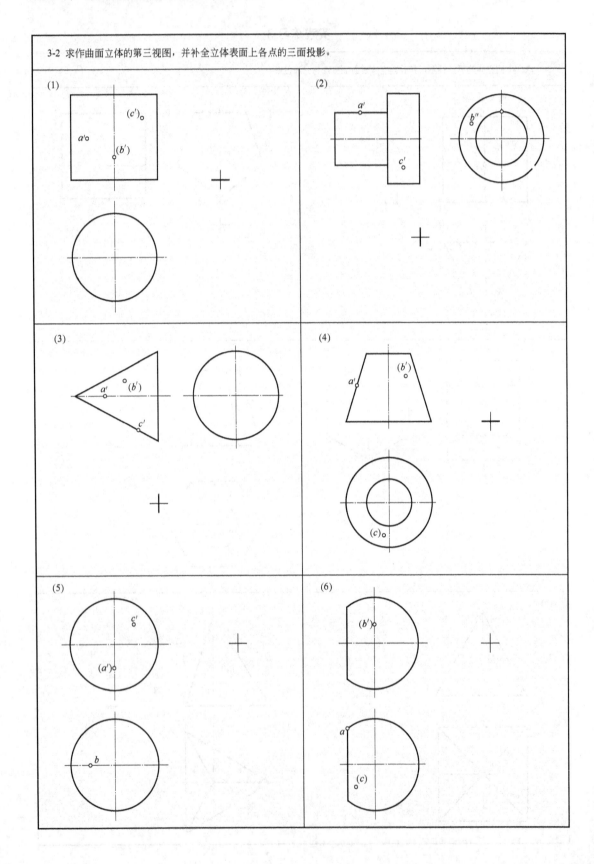

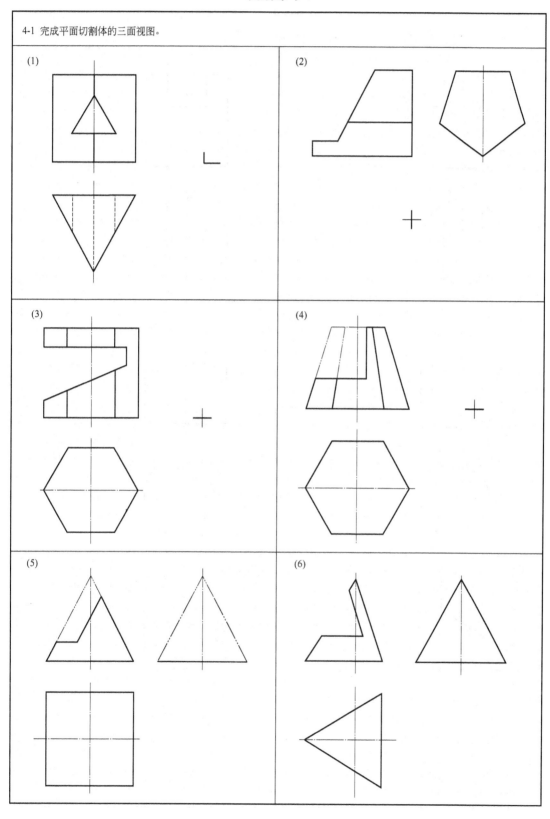

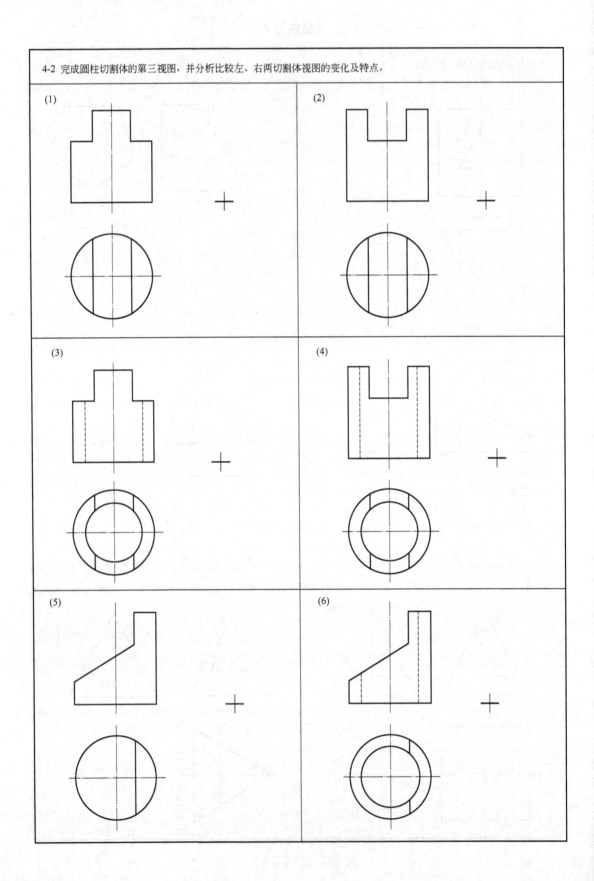

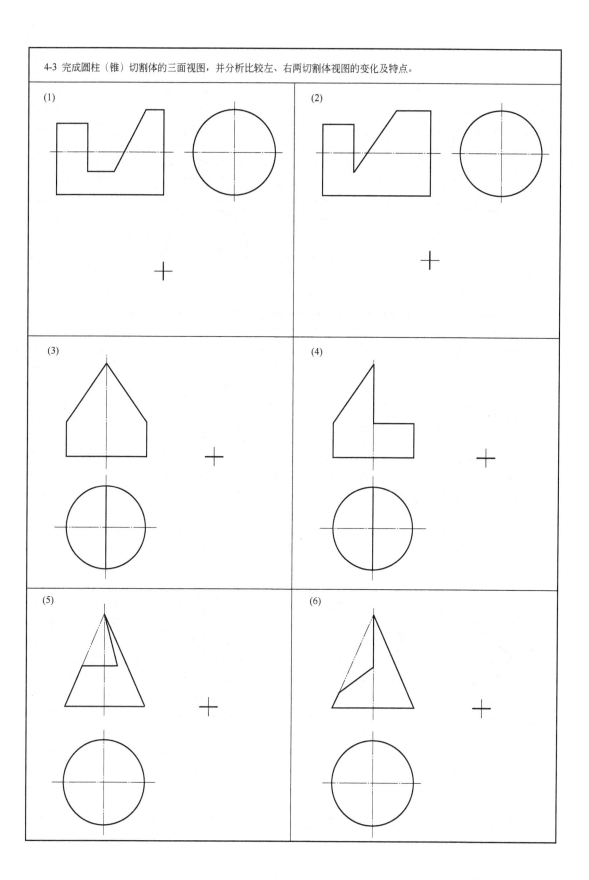

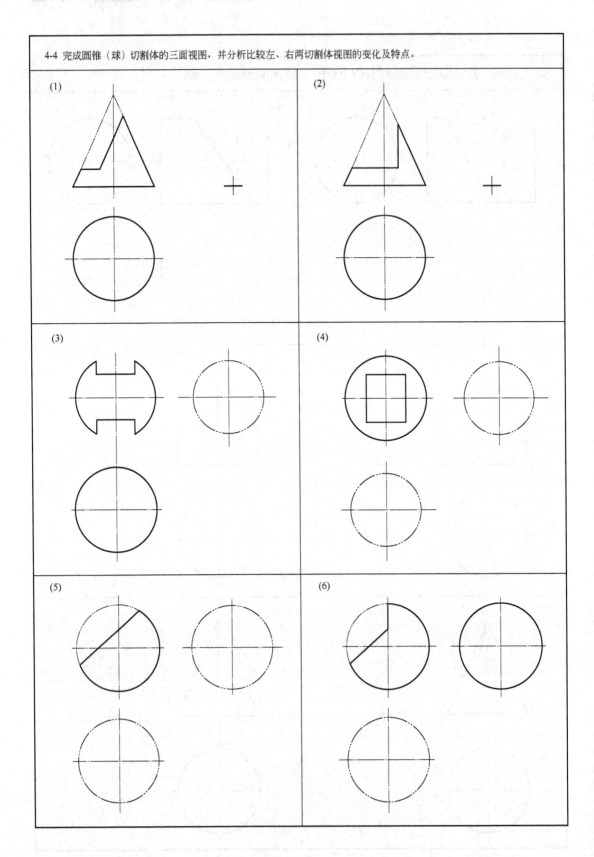

4-5 完成组合切割体的第三视图,并分析比较两切割体视图的变化及特点。

(1)

(2)

实践练习 5

5-1 求出两平面体相交的相贯线。

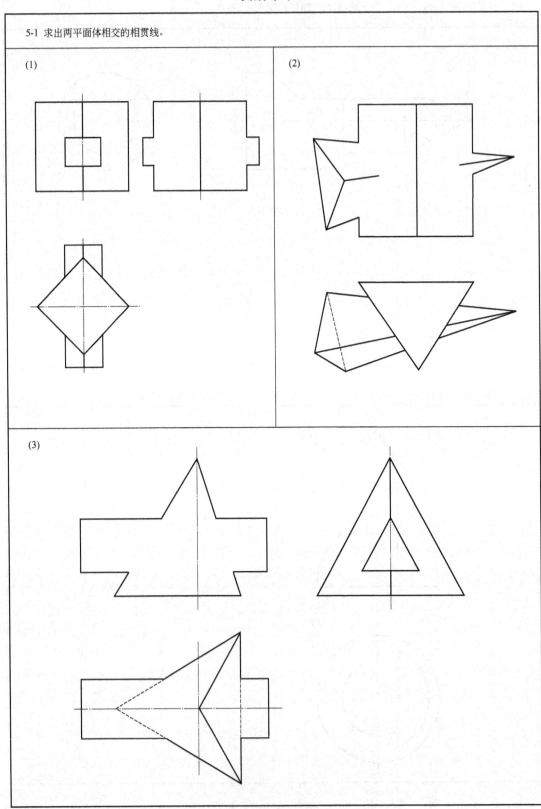

5-2 求出平面体与曲面体相交的相贯线。

(1)

(2)

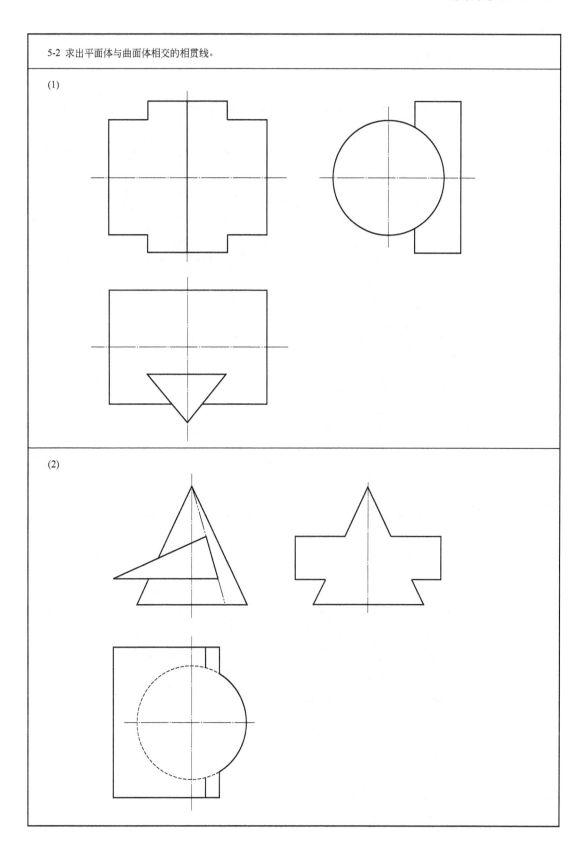

续5-2 求出平面体与曲面体相交的相贯线。

(3)

(4)

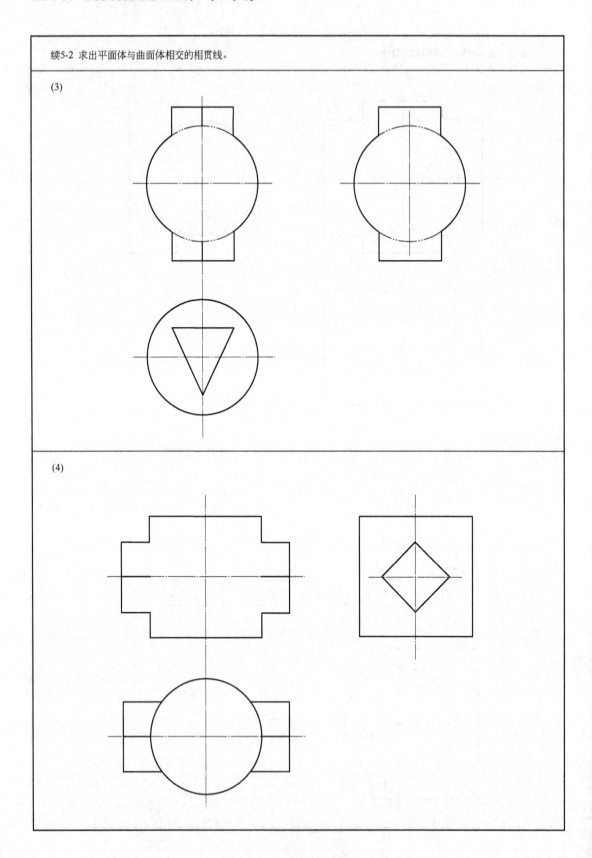

5-3 求出两曲面体相交的相贯线。

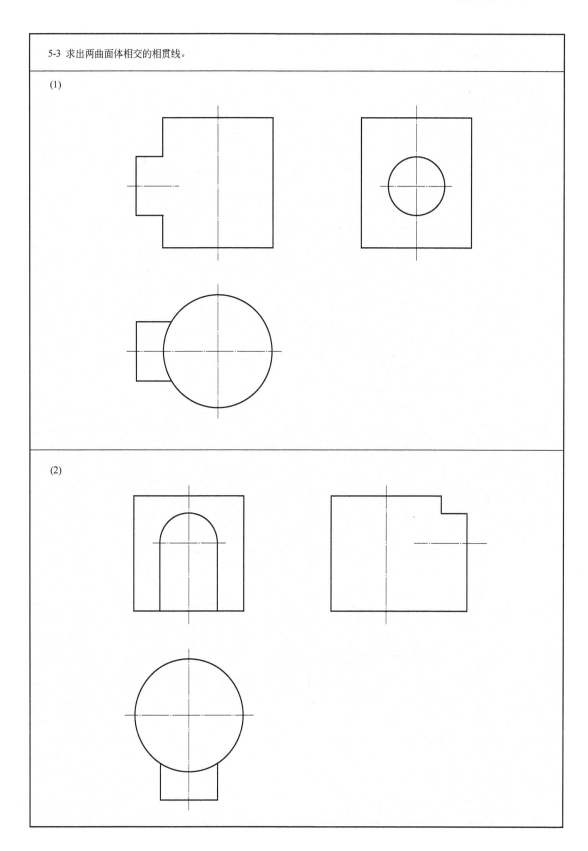

续5-3 求出两曲面体相交的相贯线。

(3)

(4)

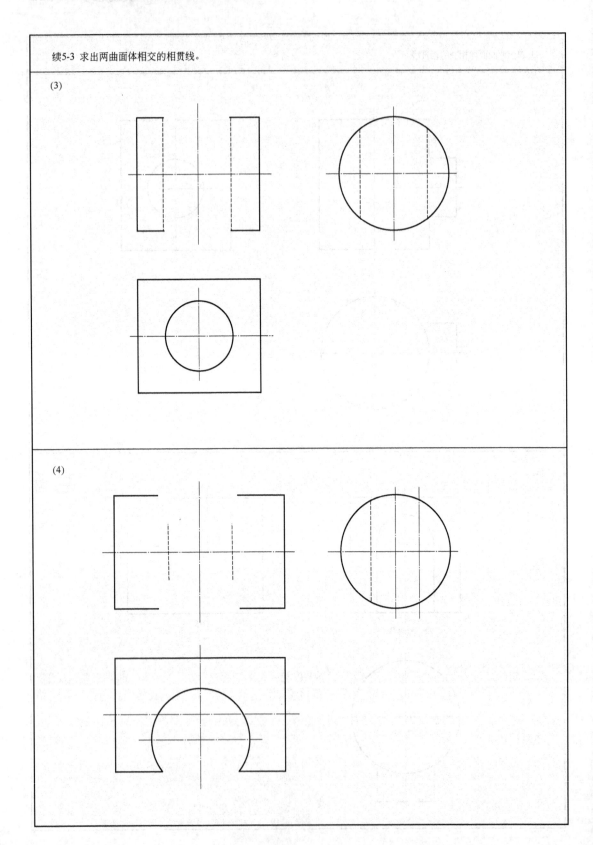

5-4 补画曲面体相交的第三视图。

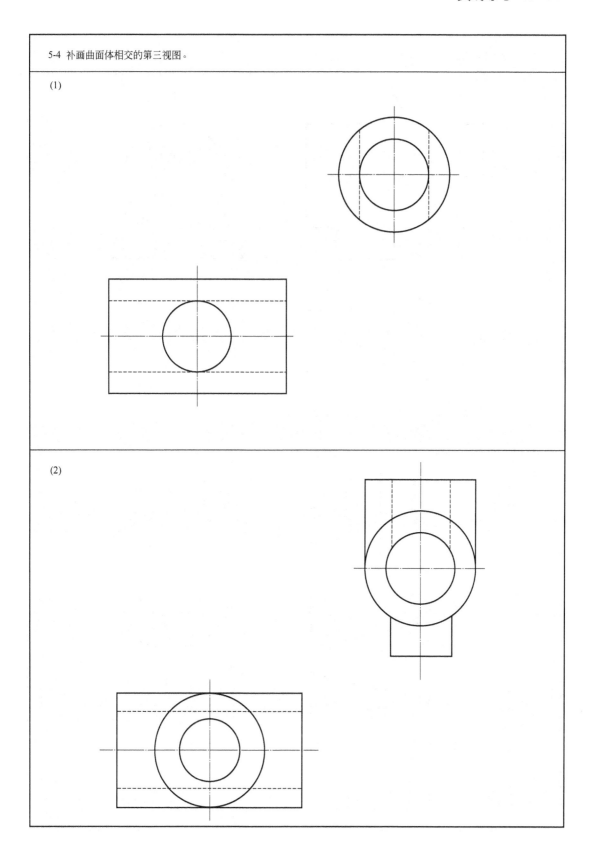

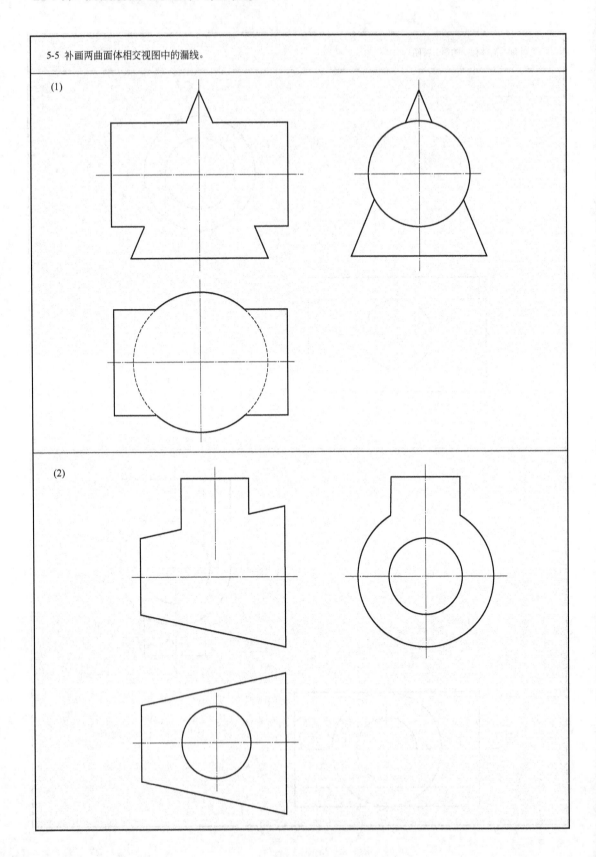

续5-5 补画曲面体相交视图中的漏线。

(3)

(4)

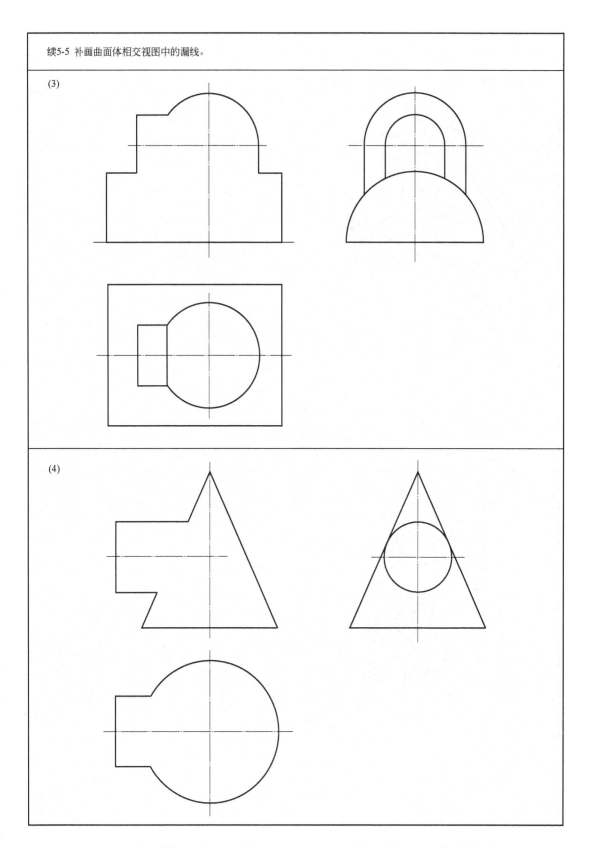

实践练习 6

6-1 根据轴测图及尺寸，按1:1的比例画出组合体的三视图。

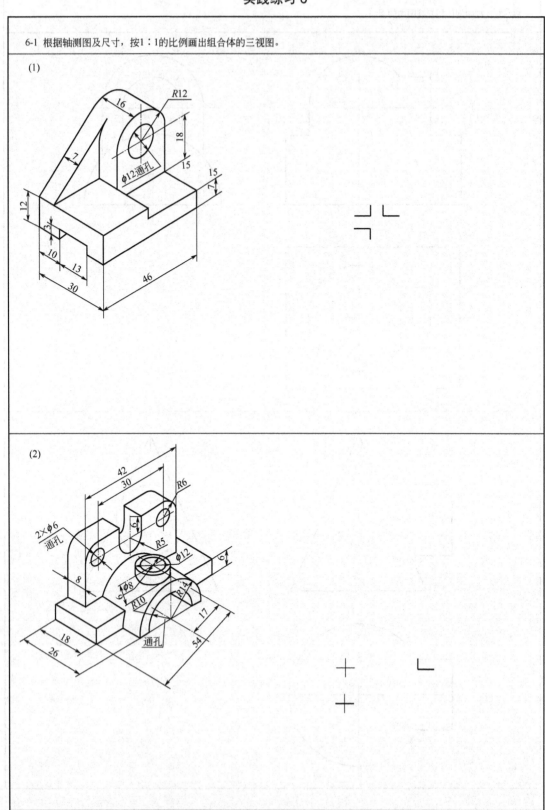

6-2 读懂视图,构思形体,并标注尺寸,尺寸数按1∶1的比例从图中直接量取。

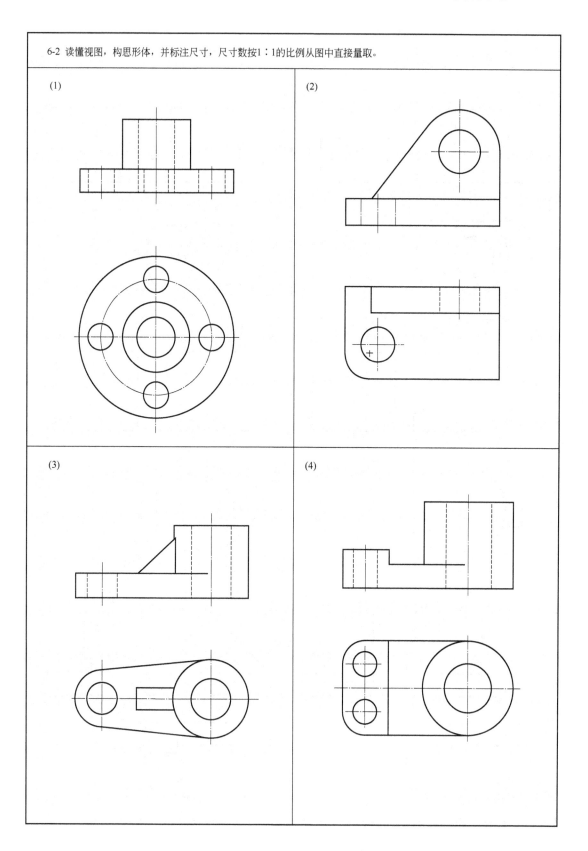

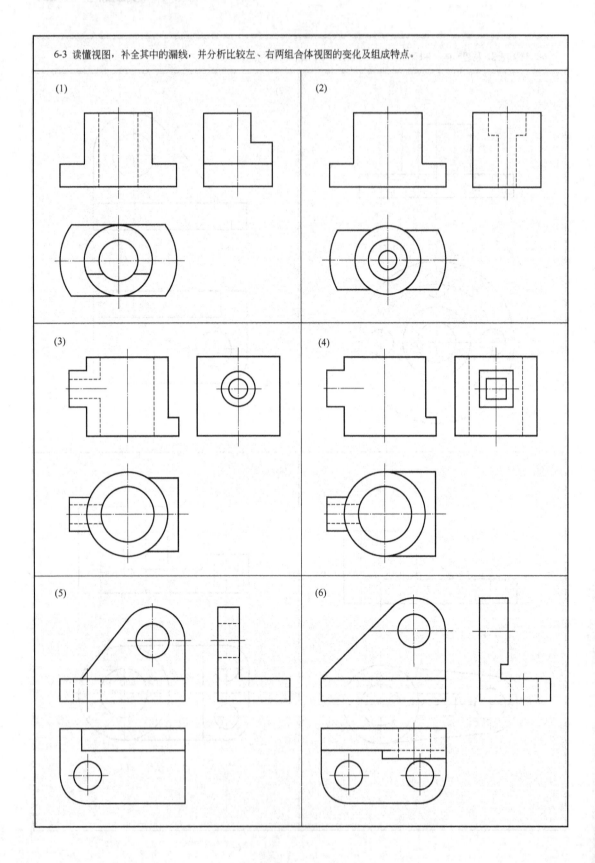

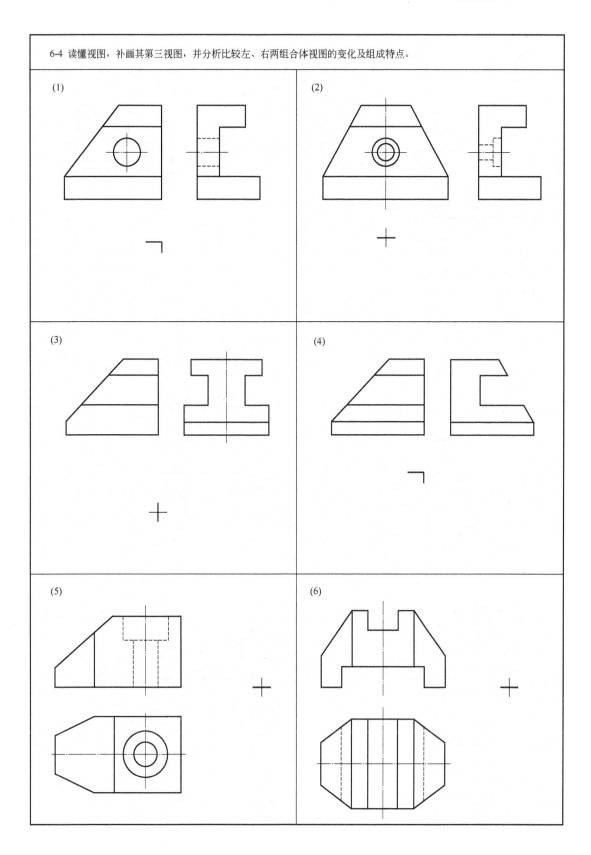

6-5 读懂视图,补画其第三视图。

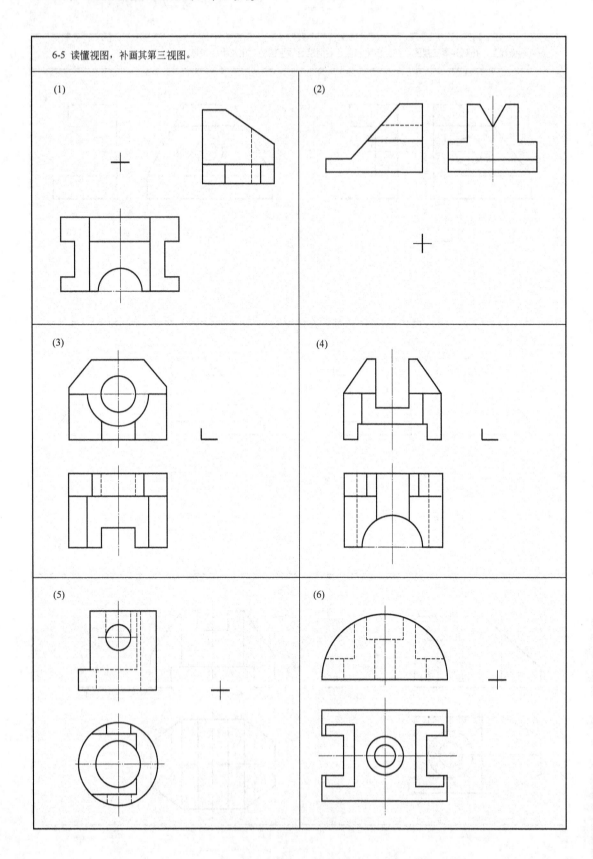

实践练习 7

7-1 读懂机件的视图，画出其基本视图、向视图、局部视图和斜视图。

(1) 画出机件的其他四个基本视图。

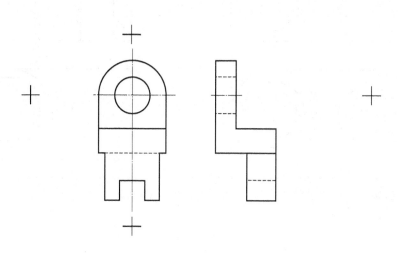

(2) 在下方画出机件的 A、B、C 向视图。

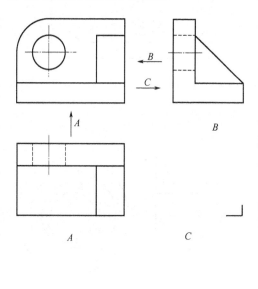

(3) 画出机件的 A 局部视图和 B 斜视图。

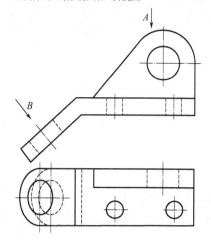

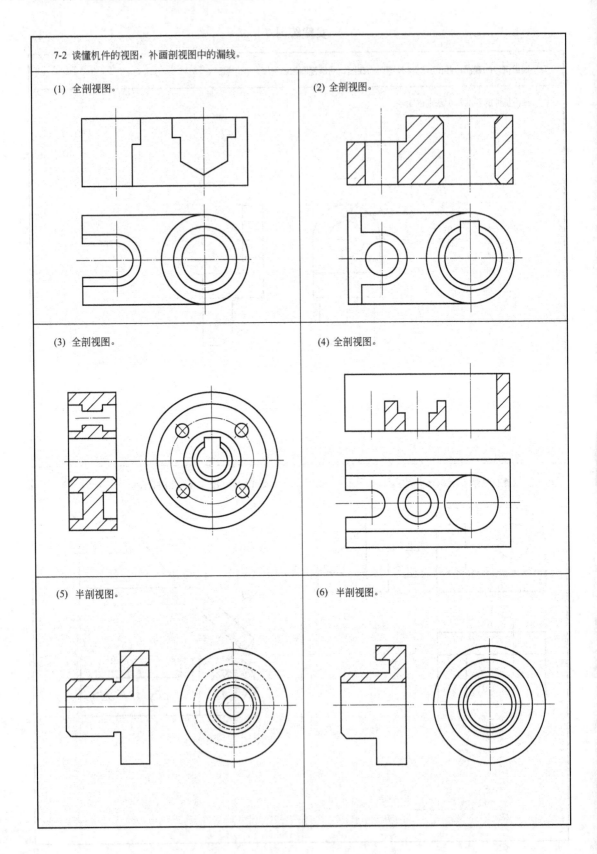

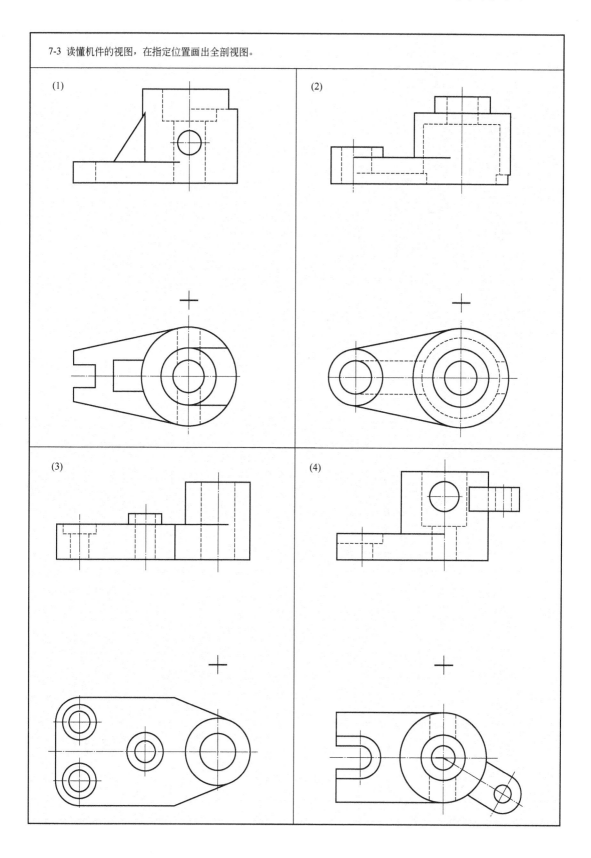

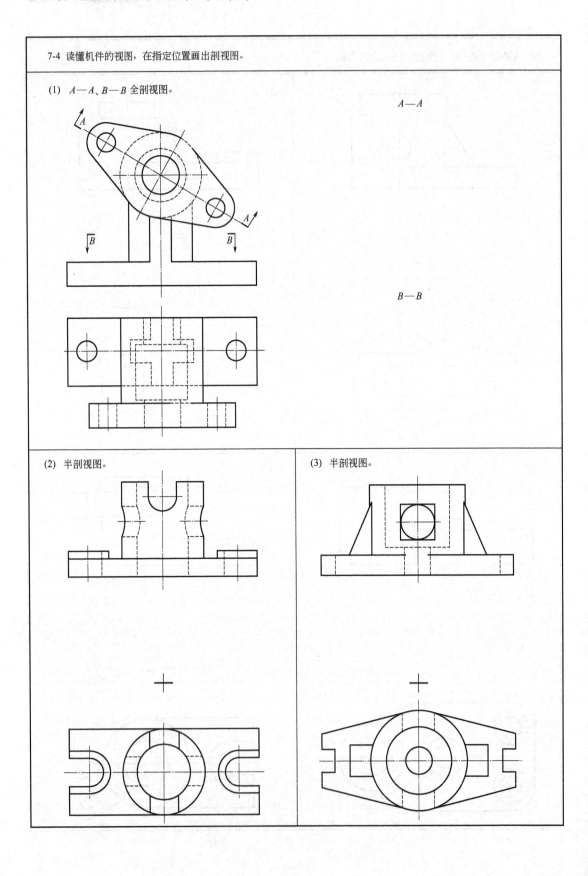

7-5 已知机件的视图，分析其表示法，说明表示目的是什么?分析画法中的错误与不妥，找出正确的剖视图，并分析哪几种组合是最佳方案?

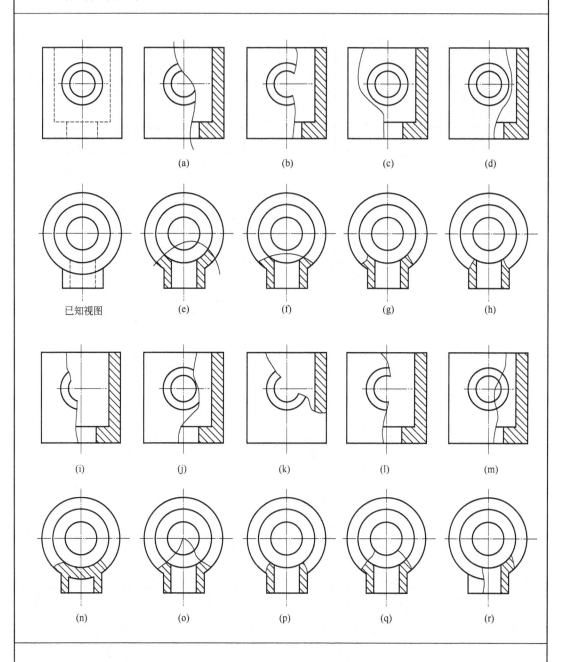

最佳方案的组合是：
错误的画法是：
不妥的画法是：

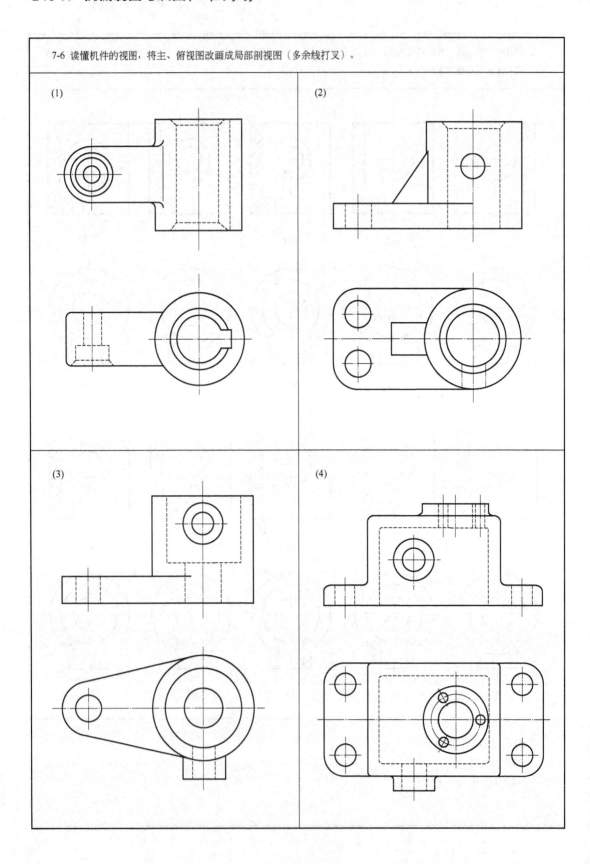

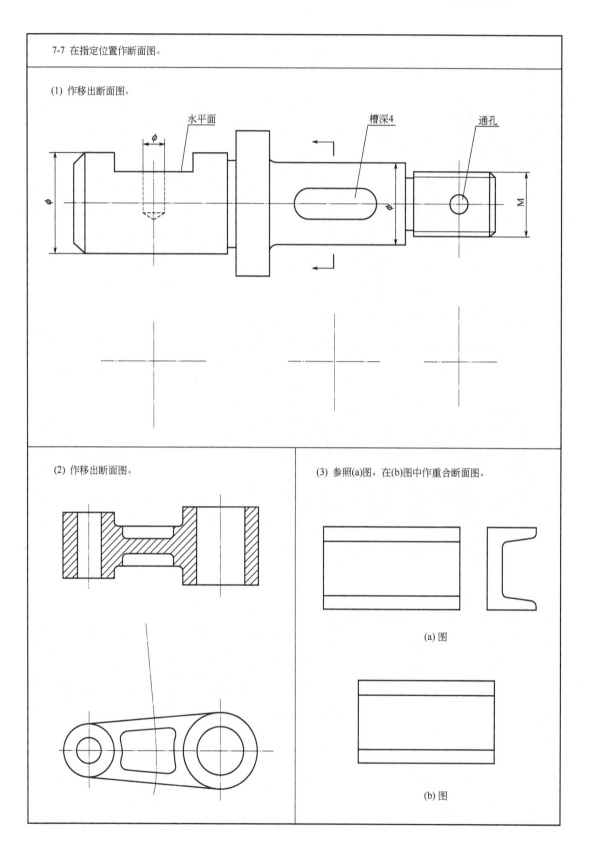

7-8 读懂机件的主、俯视图，确定最佳表示方案，将机件完整清晰地表示出来。

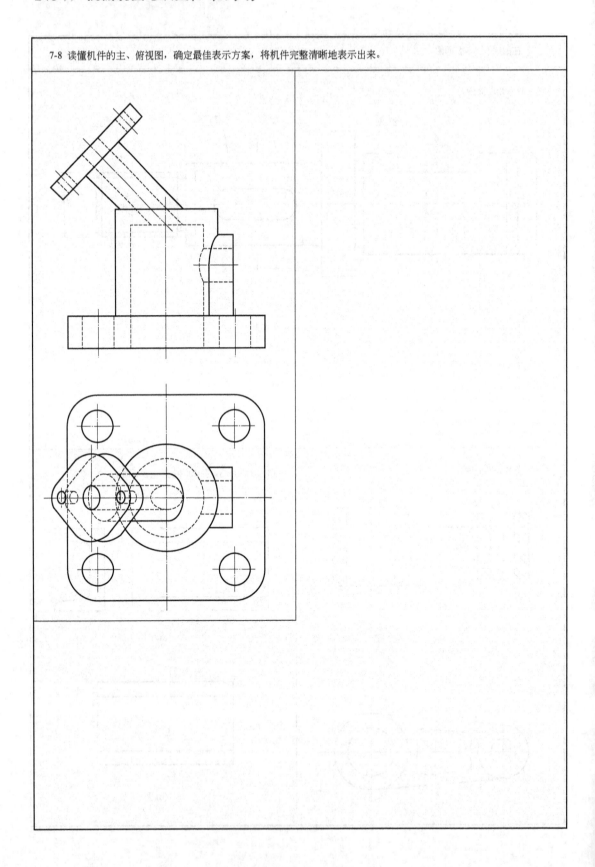

实践练习 8

8-1 分析左图中表面结构标注的错误与不妥，在右图中按国家标准规定重新标注。

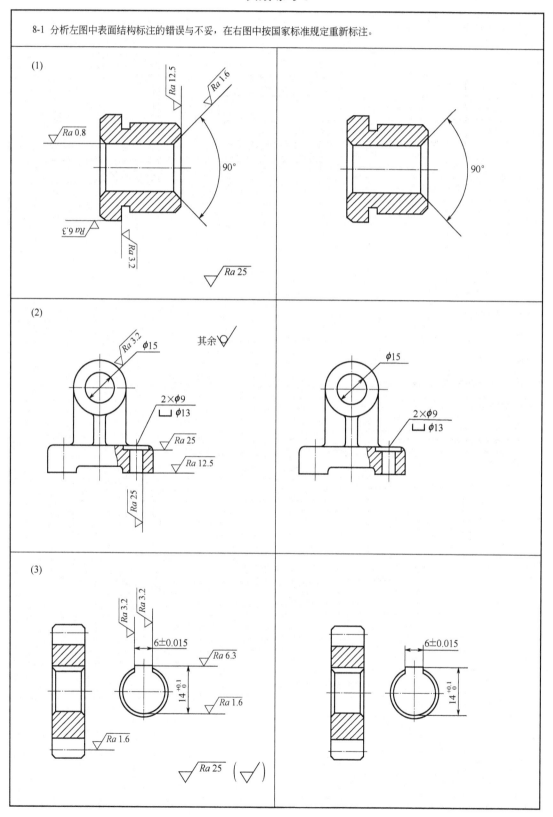

8-2 根据题目要求作出正确的极限与配合的标注及填空。

(1) 已知轴与套孔的配合尺寸为 ϕ13H7/h6，套与箱体孔的配合尺寸为 ϕ25H8/k7，查图家标准，将极限偏差标注在图中。

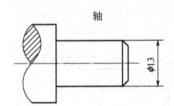
轴

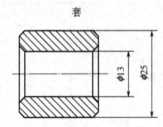
套

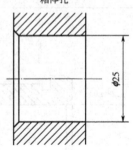
箱体孔

(2) 根据已知的尺寸填空。

① 孔的尺寸 $\phi 40^{+0.039}_{0}$ 中：$\phi 40$ 表示_____，上极限尺寸是_____，下极限尺寸是_____，上极限偏差是_____，下极限偏差是_____，公差值是_____，基本偏差值是_____。

② 轴的尺寸 $\phi 40^{-0.025}_{-0.050}$ 中：$\phi 40$ 表示_____，上极限尺寸是_____，下极限尺寸是_____，上极限偏差是_____，下极限偏差是_____，公差值是_____，基本偏差值是_____。

③ 孔与轴配合后，属于基_____制的_____配合。

(3) 根据零件图上给出的尺寸及公差要求，查图家标准，在装配图上注出其相应的配合代号。

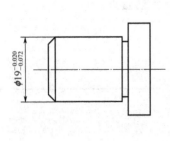
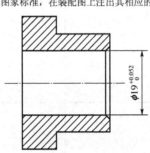
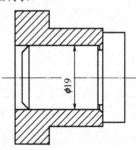

8-3 几何公差的识读与标注。

(1)

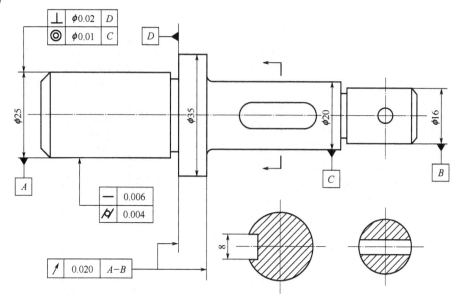

(2) 根据(1)图中标注的几何公差，要求①、②题填空，③、④、⑤解释其含义。

① ◎ ϕ0.01 C 填空：被测要素是_____，基准要素是_____，几何特征是_____，公差值是_____。

② ⌀ 0.004 填空：被测要素是_____，几何特征是_____，公差值是_____。

③ — 0.006 含义：_____

④ ⊥ ϕ0.02 D 含义：_____

⑤ ↗ 0.020 A—B 含义：_____

(3) 将下列几何公差要求正确的标注在(1)图中。
① ϕ20 圆柱面的圆度公差为 0.003mm。
② 键槽 8 的对称面对 ϕ20 圆柱体的轴线的对称度公差为 0.030mm。
③ ϕ20 圆柱面和 ϕ16 圆柱面对 ϕ25 圆柱体和 ϕ16 圆柱体的公共轴线的径向圆跳动公差为 0.015mm。

8-4 读零件图，回答问题。

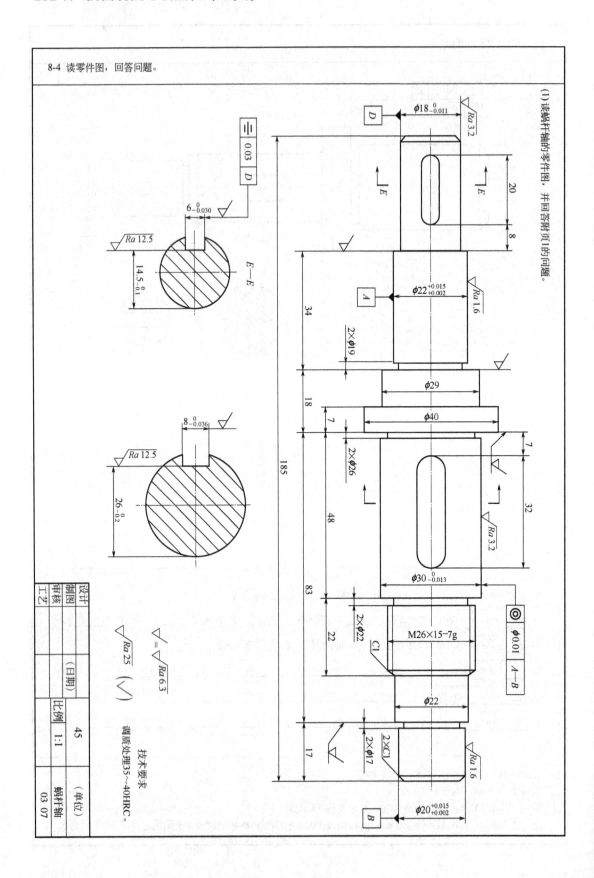

读懂蜗杆轴的零件图，回答下列问题：

① 该零件由_____段直径不同的圆柱体组成，有_____处键槽，其槽宽和槽深分别是_____。

② 该零件的轴向和径向尺寸的主要基准是：轴向_____，径向_____。

③ 蜗杆轴上有_____处倒角结构，其尺寸是_____。

④ 蜗杆轴上有_____处退刀槽结构。其槽宽都是_____，而槽深自左至右分别是_____。

⑤ 尺寸 M26×1.5-7g 中：M 表示_____代号，26 表示_____，1.5 表示_____，7 表示_____代号，g 表示_____代号、7g 表示_____代号；该螺纹是粗牙还是细牙？_____，为什么？_____。

⑥ 尺寸 $\phi 20^{+0.015}_{+0.002}$ 中：$\phi 20$ 表示_____，上极限尺寸是_____，下极限尺寸是_____，上极限偏差是_____，下极限偏差是_____，基本偏差值是_____，公差值是_____。

⑦ $\phi 18^{\ 0}_{-0.011}$ 圆柱面和 $\phi 22^{+0.015}_{+0.002}$ 圆柱面的表面结构要求的表面粗糙度参数 Ra 值是_____和_____，这说明_____圆柱表面比_____圆柱表面要求更高、更光滑。

⑧ 解释几何公差 | ◎ | $\phi 0.01$ | A—B | 的含义：

_____

⑨ 在几何公差 | = | 0.03 | D | 中：被测要素是_____，基准要素是_____，几何公差的几何特征是_____，公差值是_____。

续8-4 读零件图，回答问题。

(2) 读轴承盖的零件图，并回答附页2的问题。

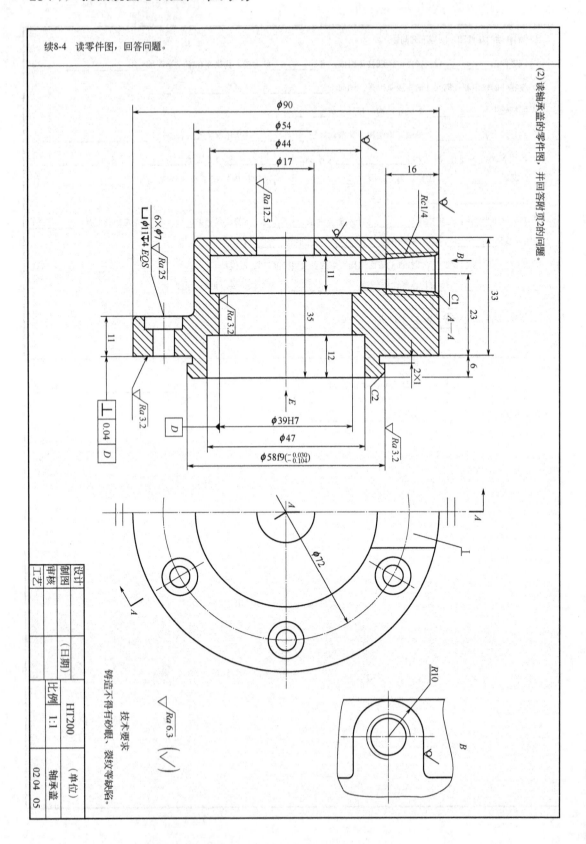

读懂轴承盖的零件图，回答下列问题：

① 分析该零件的表示法：主视图采用的是_____剖切面，画的是_____视图，左视图采用的是_____画法；B 叫_____视图。在下方画出 E 向视图，尺寸按图形大小直接量取（提示：只画 1/4）。

② 该零件的材料是_____，画图比例是_____。

③ 该零件的轴向尺寸主要基准是_____，径向尺寸主要基准是_____。

④ 尺寸 Rc1/4 中：Rc 表示用螺纹密封的_____管螺纹，1/4 表示_____代号。

⑤ 尺寸 2×1 表示_____结构。其中槽宽是_____、槽深是_____。

⑥ 该零件的加工表面中表面结构要求最高的代号是_____，要求最低的代号是_____。右端面的表面结构的表面粗糙度参数 Ra 值是_____，其单位是_____。图中 I 所指线框的表面结构要求的代号是_____，该表面是用_____的方法加工而成。

⑦ 在尺寸 $\phi 58f9\left(^{-0.030}_{-0.104}\right)$ 中：$\phi 58$ 表示_____，f 表示_____代号，9 表示_____代号，f9 表示_____代号，上极限尺寸是_____，下极限尺寸是_____，上极限偏差是_____，下极限偏差是_____，基本偏差值是_____，公差值是_____。实际加工尺寸是 $\phi 57.888$ 是否合格？_____。

⑧ 查国家标准知尺寸 $\phi 39H7$ 的公差值是 $25\mu m$，则该尺寸的上极限偏差是_____，下极限偏差是_____。写出该尺寸在图样上的另外两种标注形式：_____和_____。

⑨ 解释图中几何公差的含义：_____。

⑩ 解释尺寸 $\dfrac{6\times\phi 7}{\sqcup \phi 11 \downarrow 4\,EQS}$ 的各项意义：6 表示_____，$\phi 7$ 表示_____孔直径，符号 $\sqcup$ 表示_____，$\phi 11$ 表示_____，符号 $\downarrow$ 表示_____，4 表示_____，EQS 表示_____。

续8-4 读零件图，回答问题

(3) 读托架的零件图，并回答附页3的问题。

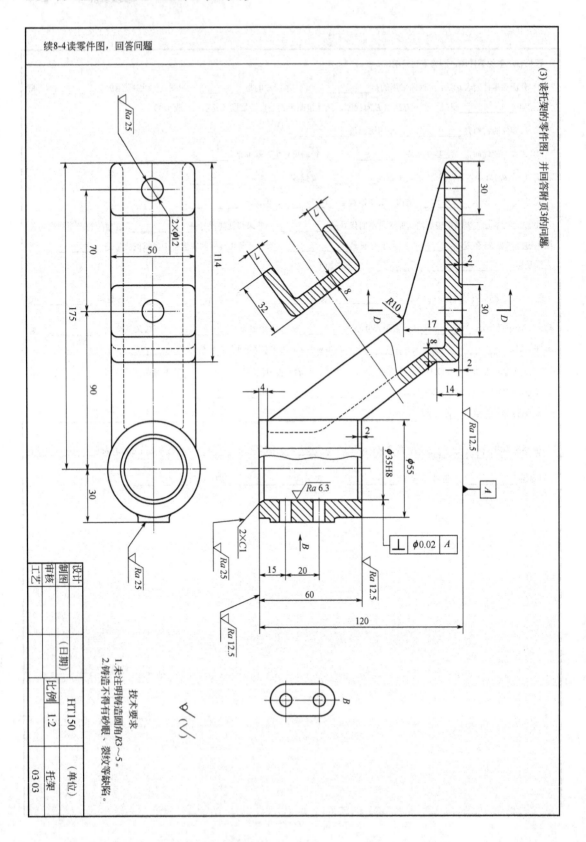

读懂托架的零件图，回答下列问题：

① 分析该零件的表示法：主视图采用的是_____剖切面，画的是_____视图；俯视图采用的是个_____视图，主要表示托架的_____和用虚线表示左下方的_____结构，并采用了_____图来表示凹槽的形状；另一个 B 视图叫_____视图，其主要表示托架右方的_____结构。

② 该零件的名称是_____，属于_____类零件，其材料是_____，画图比例是_____。该零件图的画图比例是放大还是缩小比例？_____。

③ 该零件的长、宽、高三个方向尺寸的主要基准是：

长度方向为_____；

宽度方向为_____；

高度方向为_____。

④ 尺寸 2×C1 表示_____结构。其中 2 表示_____，C 表示_____，1 表示_____。

⑤ 该零件的加工表面中表面结构要求最高的表面粗糙度参数 Ra 值是_____，其单位是_____；要求最低的表面结构的表面粗糙度参数 Ra 值是 25μm，共有_____处。其他表面的表面结构要求是用_____的方法获得的。

⑥ 在尺寸 ϕ35H8 中：ϕ35 表示_____，H 表示_____代号，8 表示_____代号，H8 表示_____代号。当把尺寸为 ϕ35k7 的轴装入该孔中时，所形成的配合叫_____配合，采用的是基孔制还是基轴制配合？_____。

⑦ 解释图中几何公差的含义：_____

⑧ 画出 D—D 全剖视图（尺寸按图形大小直接量取）。

续8-4 读零件图，回答问题。

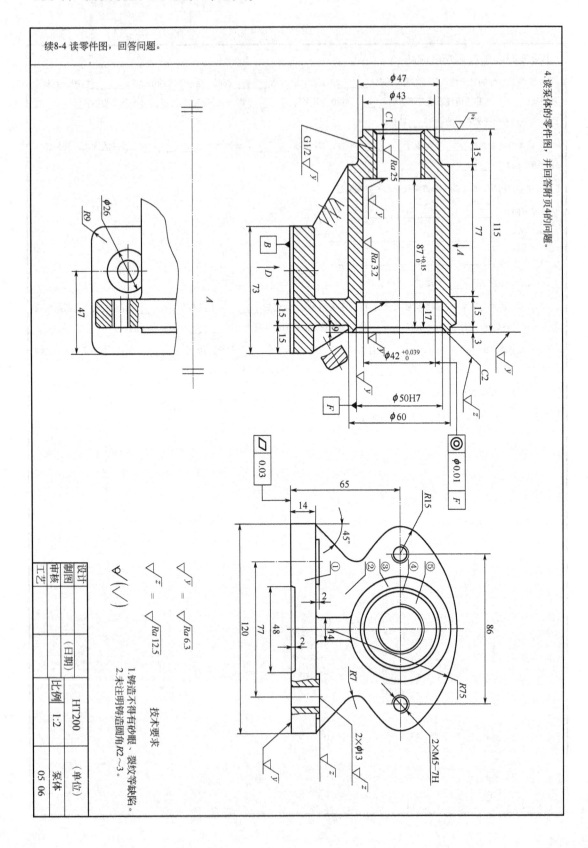

读懂泵体的零件图，回答下列问题：

① 分析该零件的表示法：主视图采用的是_____剖切面，画的是_____剖视图，其中还采用了_____图和_____图，这两处图形表示了_____结构；左视图主要表示泵体的_____形状和_____的内部结构，该图属于_____剖视图；A 视图叫_____视图，主要为了表示泵体上_____的结构形状，该图中还采用了_____剖切面的局部剖视图来表示_____的结构形状。在下方画出 D 视图，尺寸按图形大小直接量取（提示：只画 1/2）

② 解释尺寸 2×M5-7H 的各项含义：2 表示_____，M 表示_____代号，5 表示_____，7 表示_____代号，H 表示_____代号，7H 表示_____代号。

③ 找出该零件的长、宽、高三个方向尺寸的主要基准：

长度方向是_____，宽度方向是_____，高度方向是_____。

④ 该零件的底板上共有_____个螺栓连接孔。其定形尺寸是_____，定位尺寸是_____和_____。

⑤ 尺寸 C1 表示_____结构。其中 C 表示_____，1 表示_____。

⑥ 该零件的加工表面中表面结构要求最高的表面粗糙度参数 Ra 值是_____，要求最低的表面粗糙度参数 Ra 值是_____，其单位是_____。

⑦ 尺寸 $\phi 42^{+0.039}_{0}$ 中：$\phi 42$ 表示_____，上极限尺寸是_____，下极限尺寸是_____，上极限偏差是_____，下极限偏差是_____，基本偏差值是_____，公差值是_____。该尺寸与基本偏差为 f，公差等级为 7 的轴采用基孔制配合，其基准孔的代号是_____，写出该尺寸在装配图中的标注形式_____。

⑧ 尺寸 G1 中：G 表示用非螺纹密封的_____管螺纹，1 表示_____代号。

⑨ 解释图中几何公差的含义：

| ◎ | $\phi 0.01$ | F | _____ |

| ⌭ | 0.03 | _____ |

⑩ 图中标有①、②、③、④、⑤各表面的位置，自左到右依次是_____。

实践练习 9

9-1 根据球阀的装配示意图和零件图，采用适当的比例画出其设计装配图。

球阀的工作原理

在管道系统中，球阀是常用来开启、关闭或调节流体流量的部件。其工作原理如下：

扳手13的方孔套在阀杆12上部的四棱柱上，当扳手在示意图位置时，则阀门全部开启，管道畅通；当扳手按顺时针方向旋转90°时，则阀门全部关闭，管道断流。

球阀各零件的装配关系是：阀体1与阀盖2带有方形的凸缘，二者通过四个双头螺柱7和螺母6连接，并用调整垫 5 来调节阀芯3与密封圈4之间的松紧。阀杆12的下部有凸块，榫接阀芯3上部的凹槽。为了密封，在阀体与阀杆之间放入填料垫8、中填料9和上填料10，并旋入填料压紧套11。阀体1顶部的定位凸块是用来限制扳手13的旋转位置。

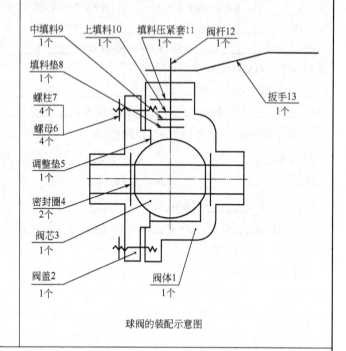

球阀的装配示意图

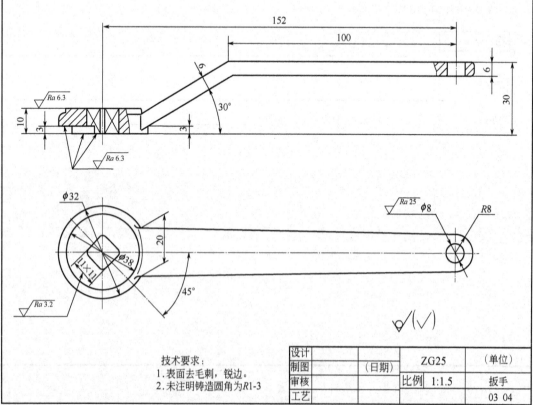

技术要求：
1. 表面去毛刺，锐边。
2. 未注明铸造圆角为R1-3

9-1续1 根据球阀的装配示意图和零件图，采用适当的比例画出其设计装配图。

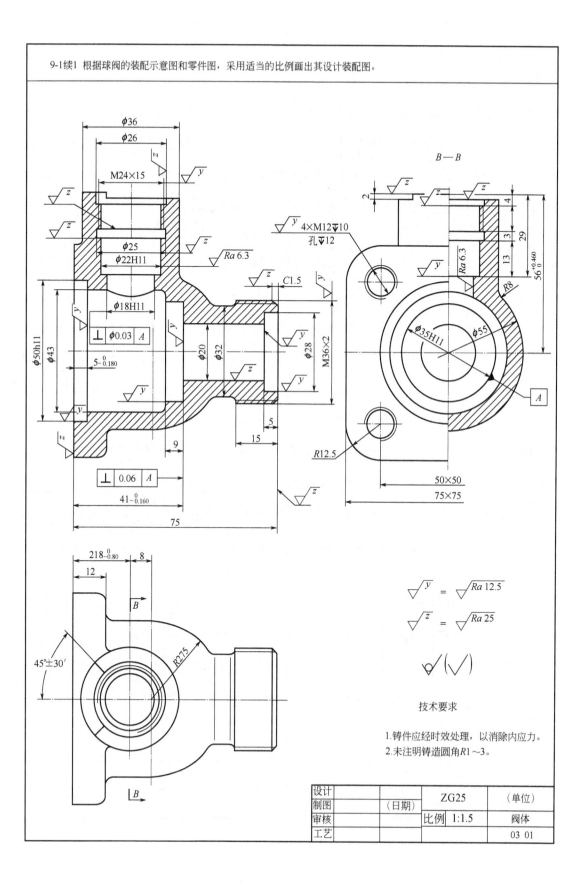

9-1续2 根据球阀的装配示意图和零件图，采用适当的比例画出其设计装配图。

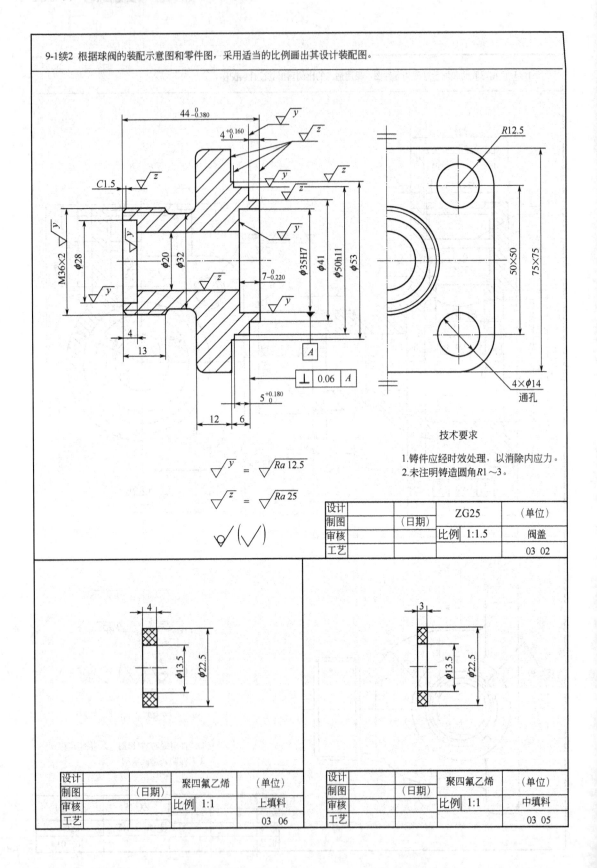

9-1续3 根据球阀的装配示意图和零件图,采用适当的比例画出其设计装配图。

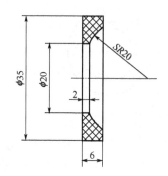
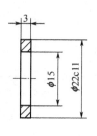
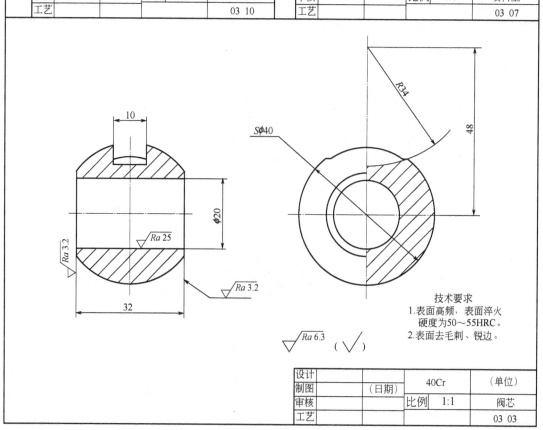

9-1续4 根据球阀的装配示意图和零件图，采用适当的比例画出其设计装配图。

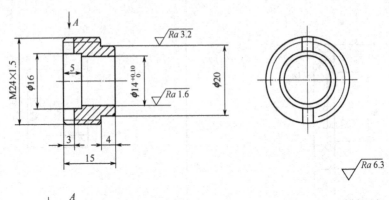

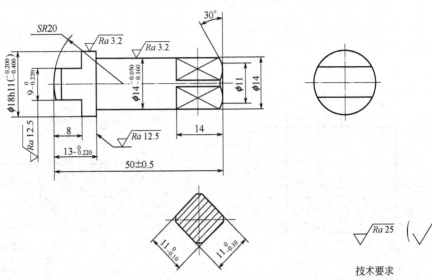

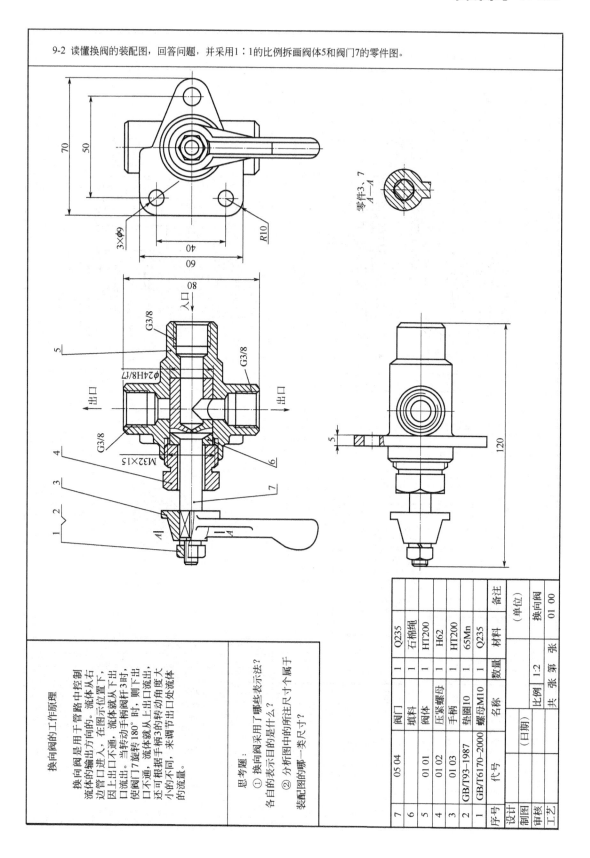

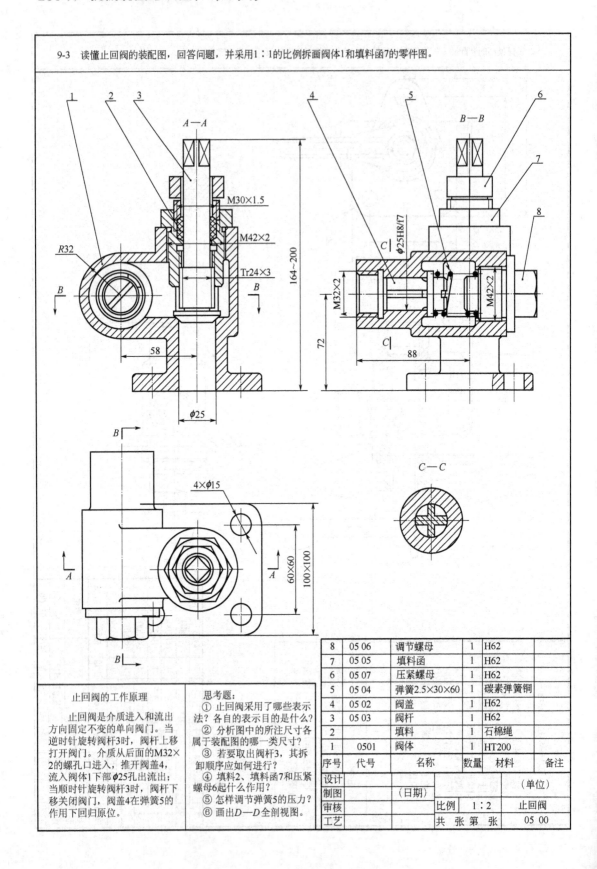

实践练习 1——答案

1-1 根据两面视图画出第三视图,分析比较左、右两物体的变化并填空。

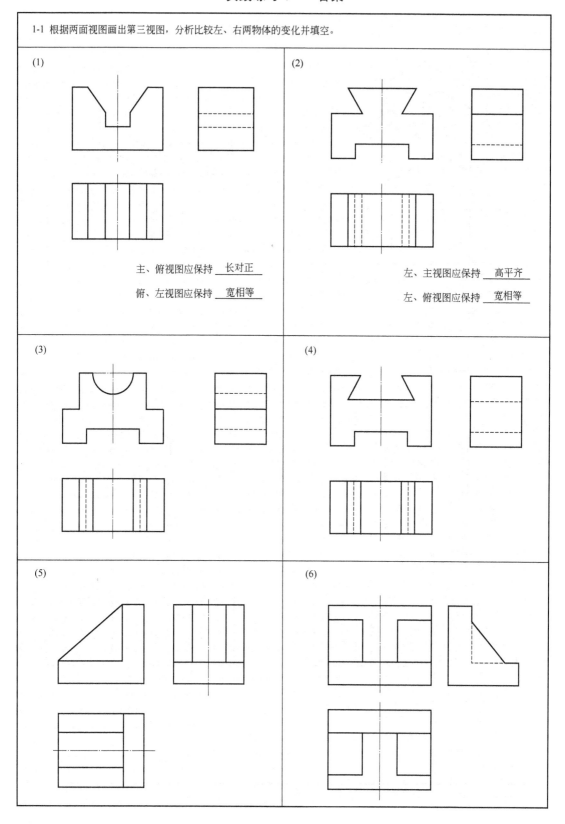

(1) 主、俯视图应保持 __长对正__
 俯、左视图应保持 __宽相等__

(2) 左、主视图应保持 __高平齐__
 左、俯视图应保持 __宽相等__

1-2 根据轴测图画出物体的三视图（尺寸从轴测图中1∶1度量）。

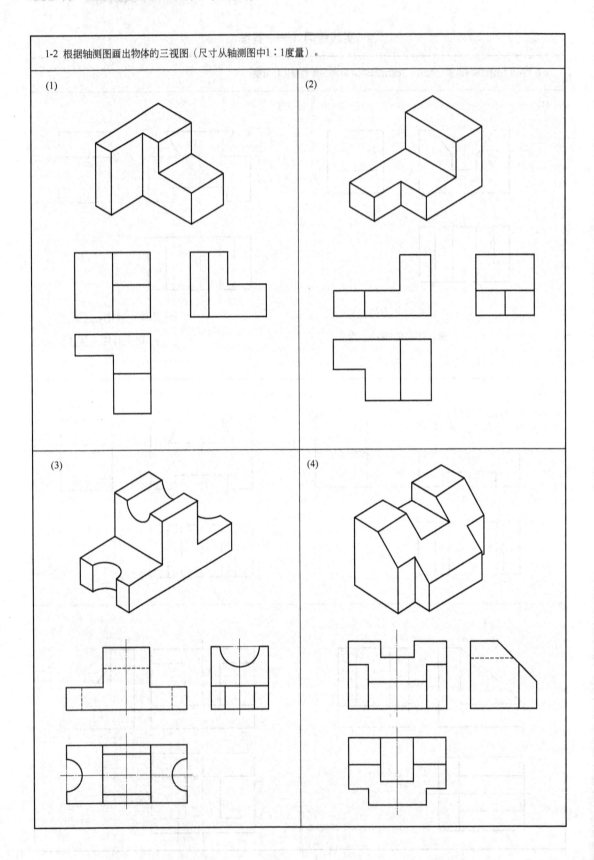

实践练习 2——答案

2-1 求作直线的第三面投影，分析其投影特点，判断直线的空间位置，并填空。

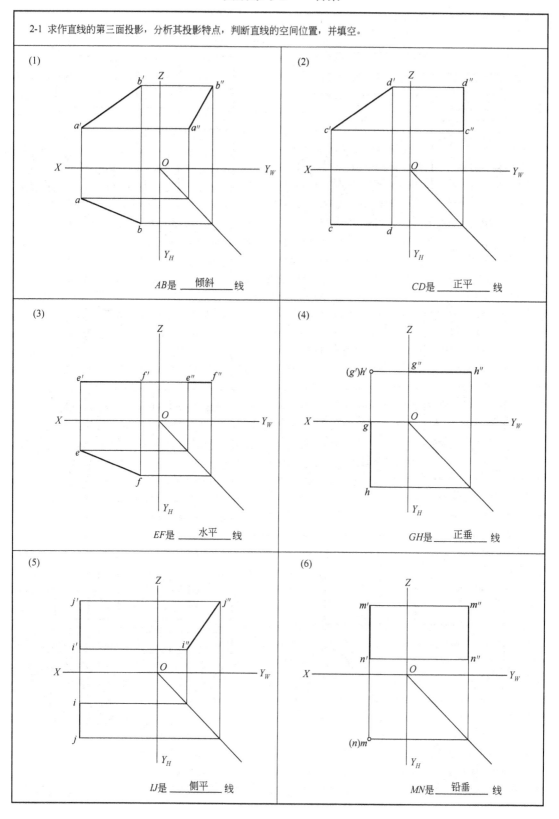

(1) AB是 __倾斜__ 线

(2) CD是 __正平__ 线

(3) EF是 __水平__ 线

(4) GH是 __正垂__ 线

(5) IJ是 __侧平__ 线

(6) MN是 __铅垂__ 线

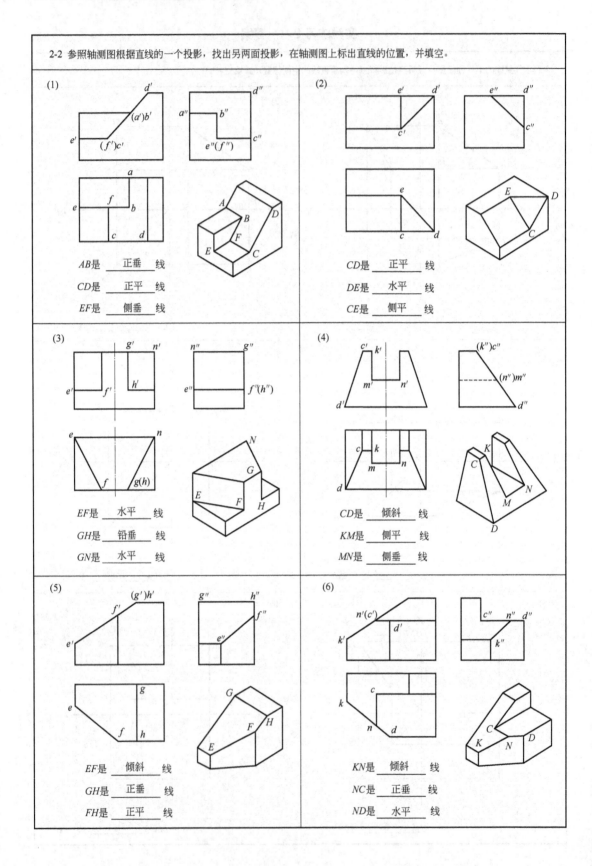

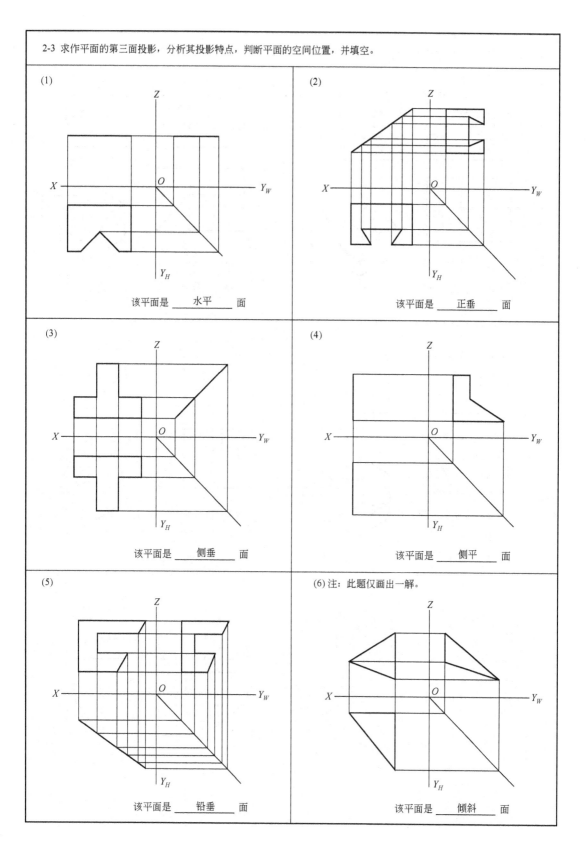

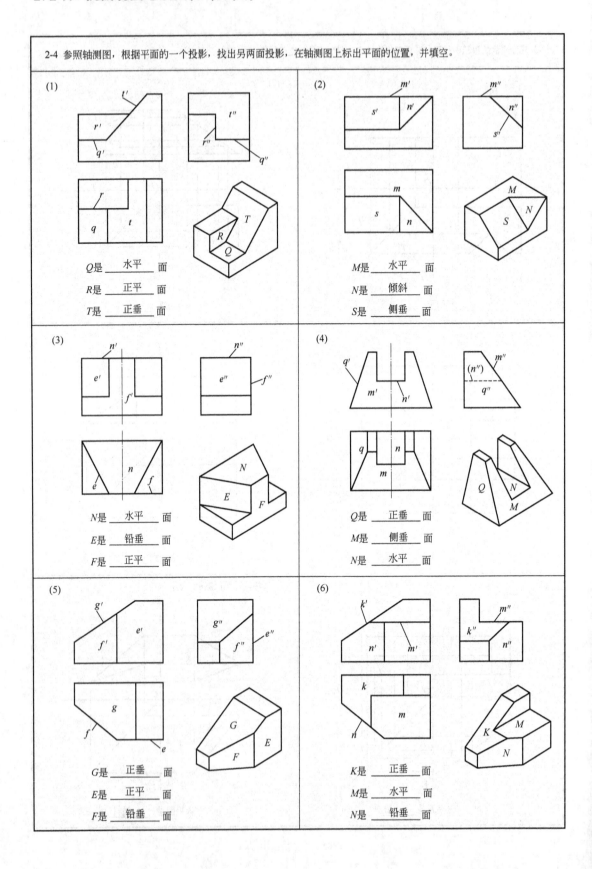

实践练习 3——答案

3-1 求作平面立体的第三视图，并补全立体表面上各点的三面投影。

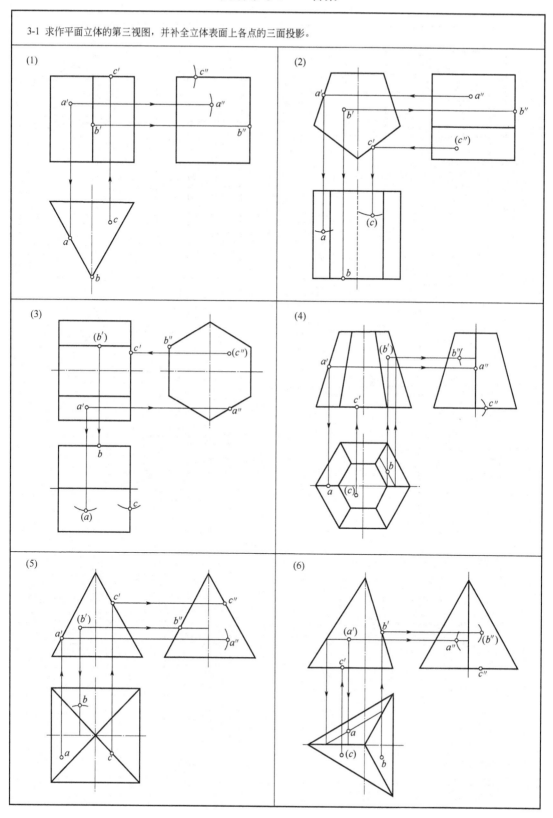

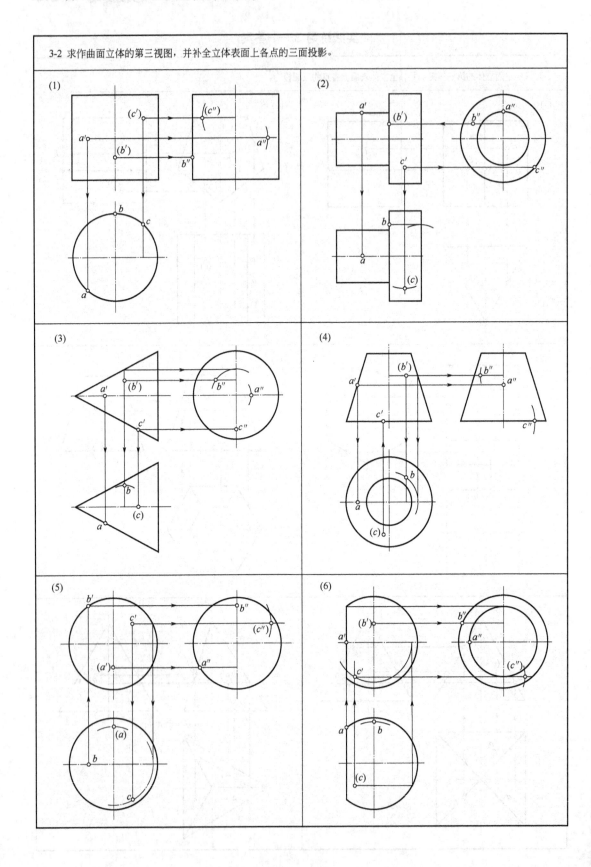

实践练习 4——答案

4-1 完成平面切割体的三面视图。

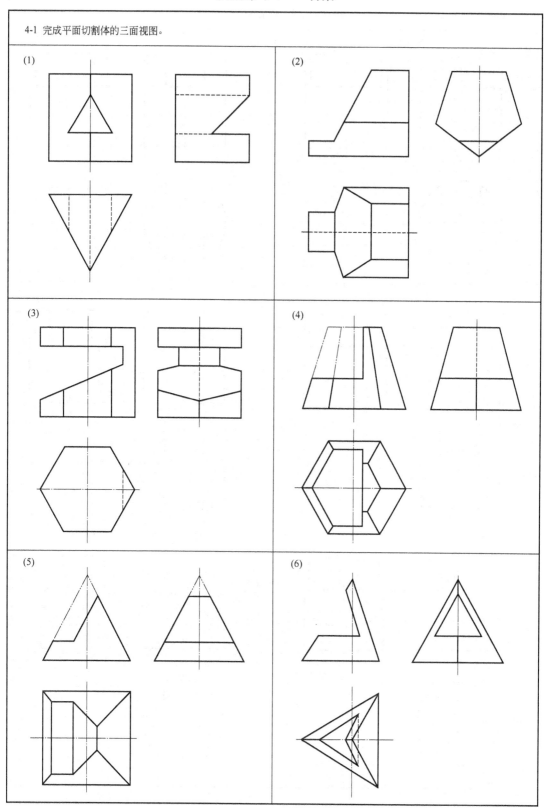

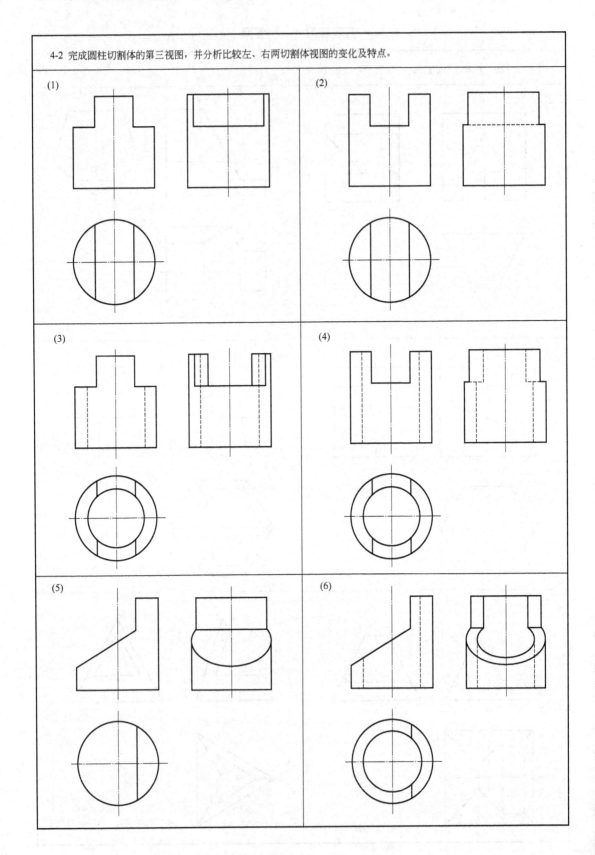

4-3 完成圆柱（锥）切割体的三面视图，并分析比较左、右两切割体视图的变化及特点。

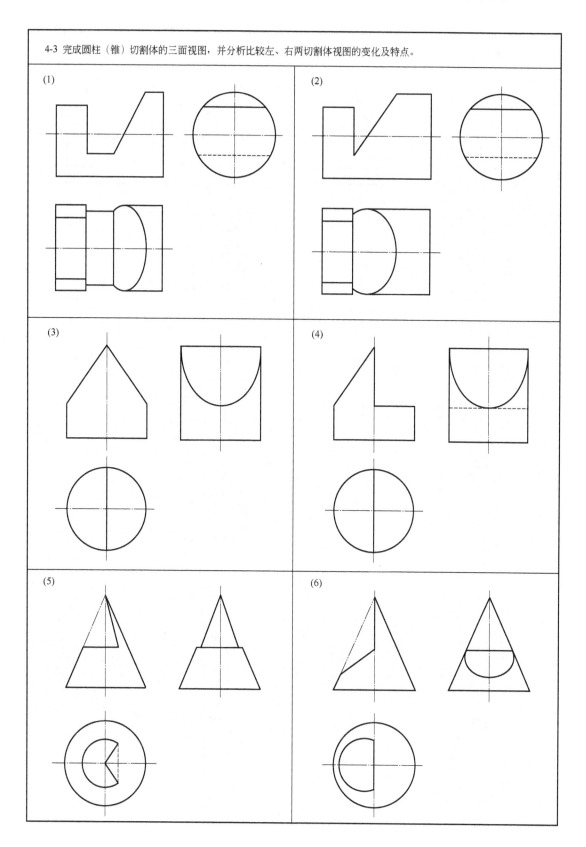

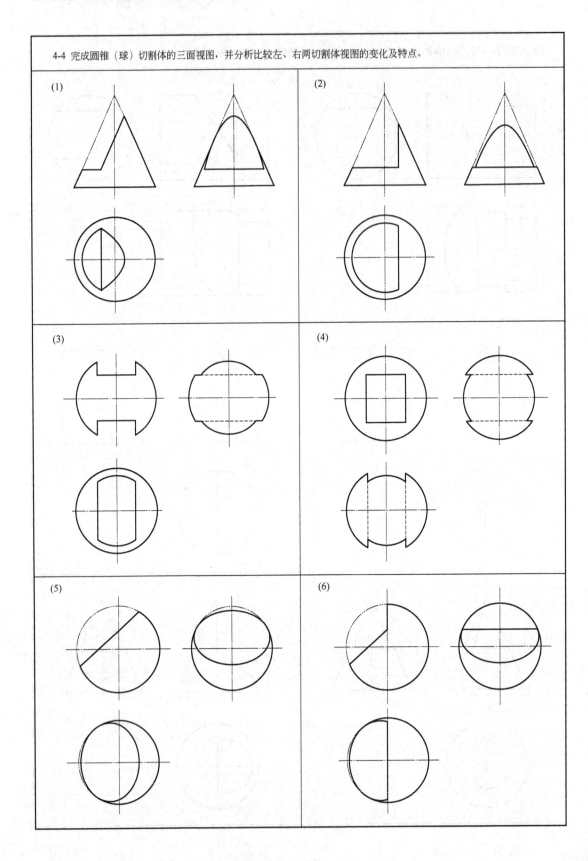

4-5 完成组合切割体的第三视图,并分析比较两切割体视图的变化及特点。

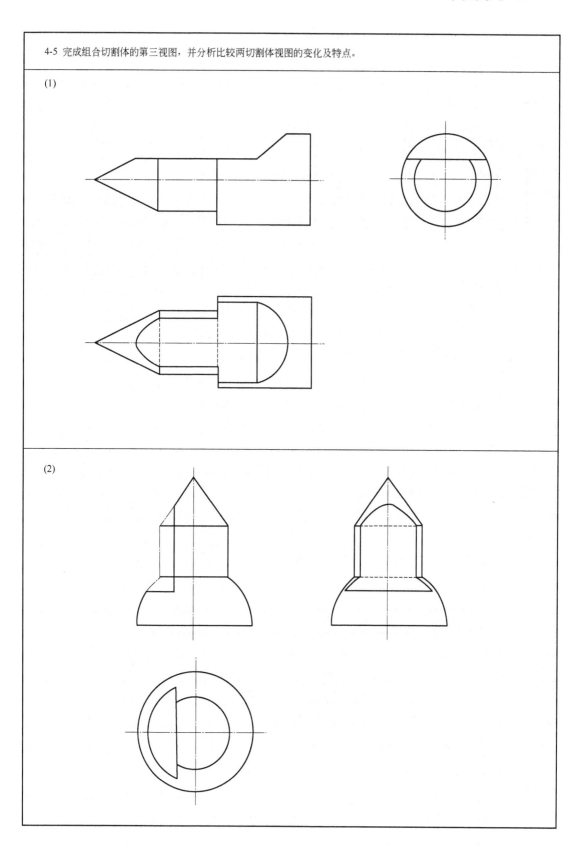

实践练习 5——答案

5-1 求出两平面体相交的相贯线。

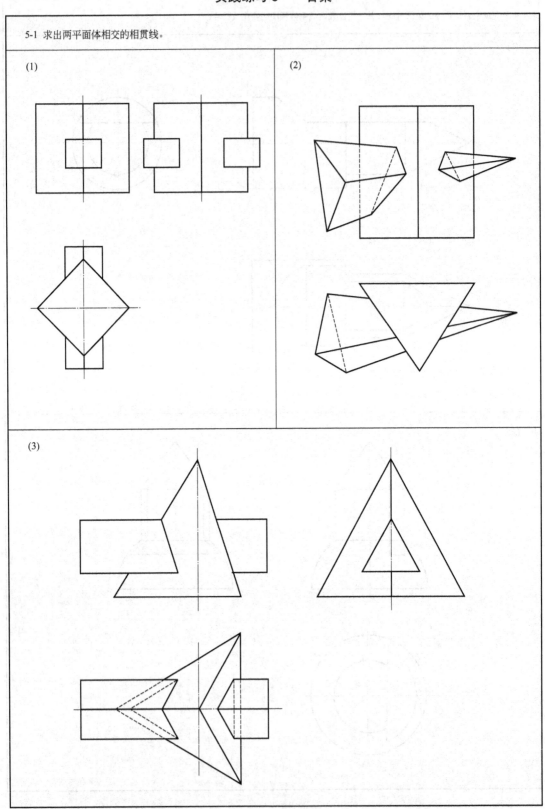

5-2 求出平面体与曲面体相交的相贯线。

(1)

(2)

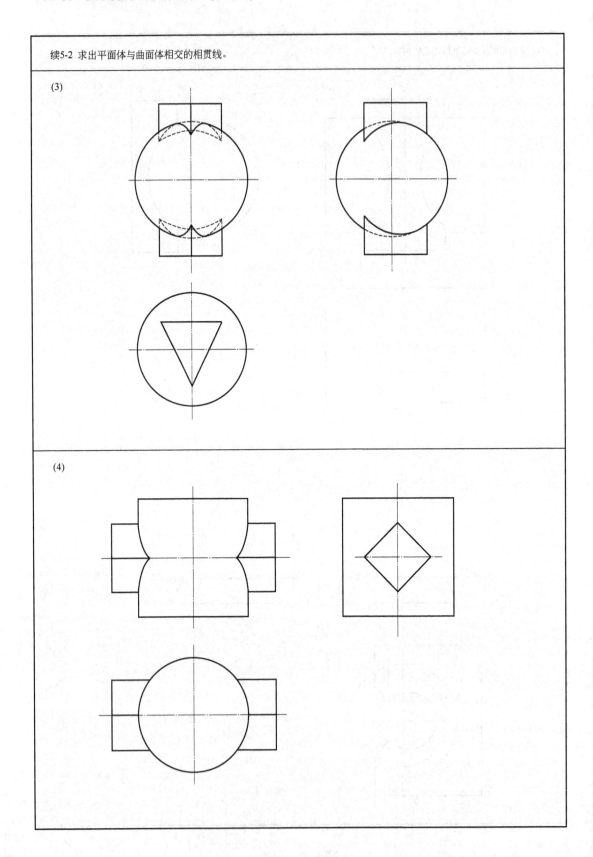

5-3 求出两曲面体相交的相贯线。

(1)

(2)

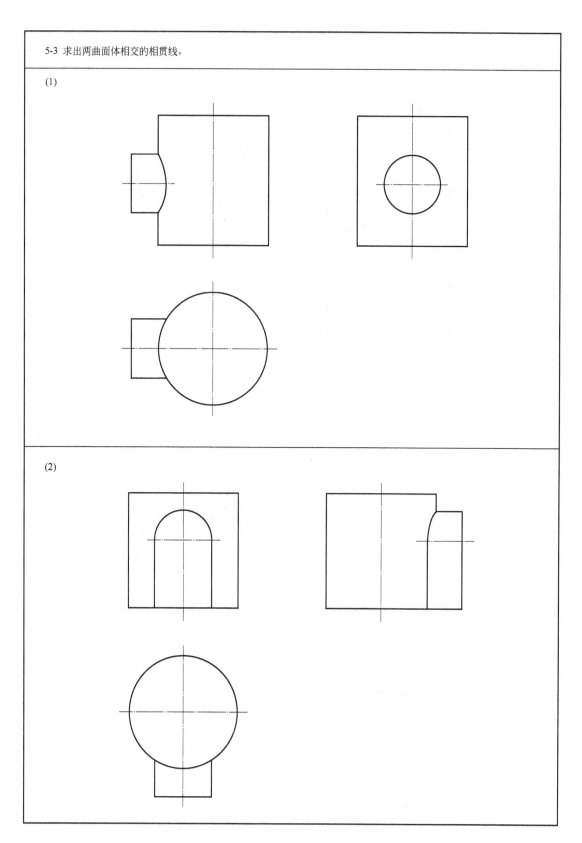

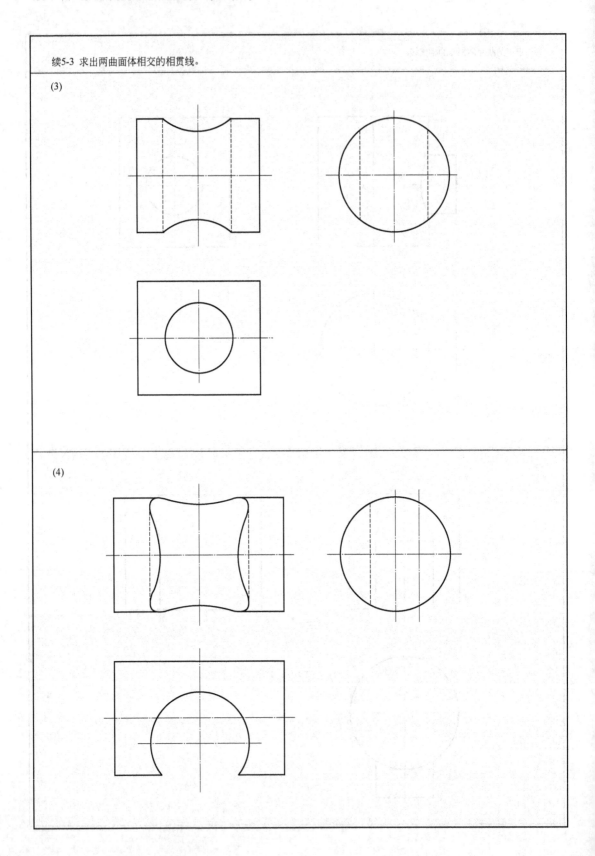

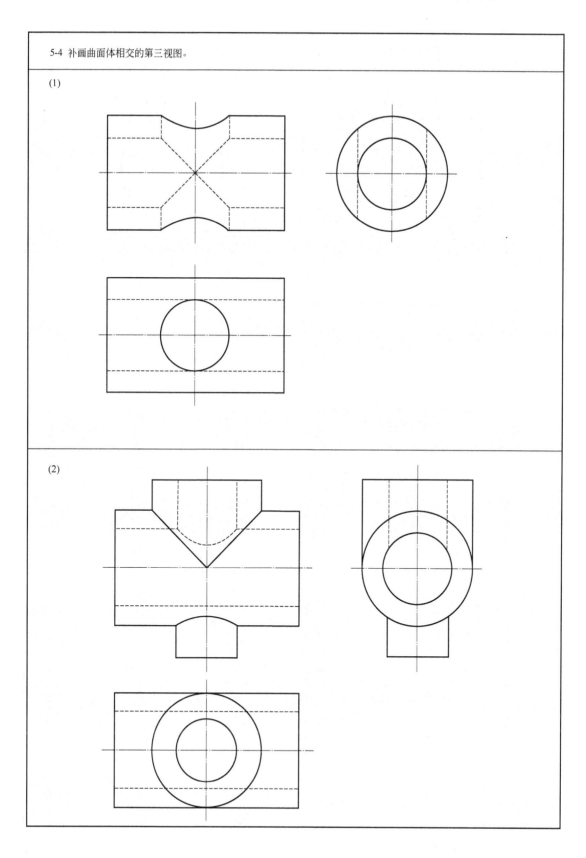

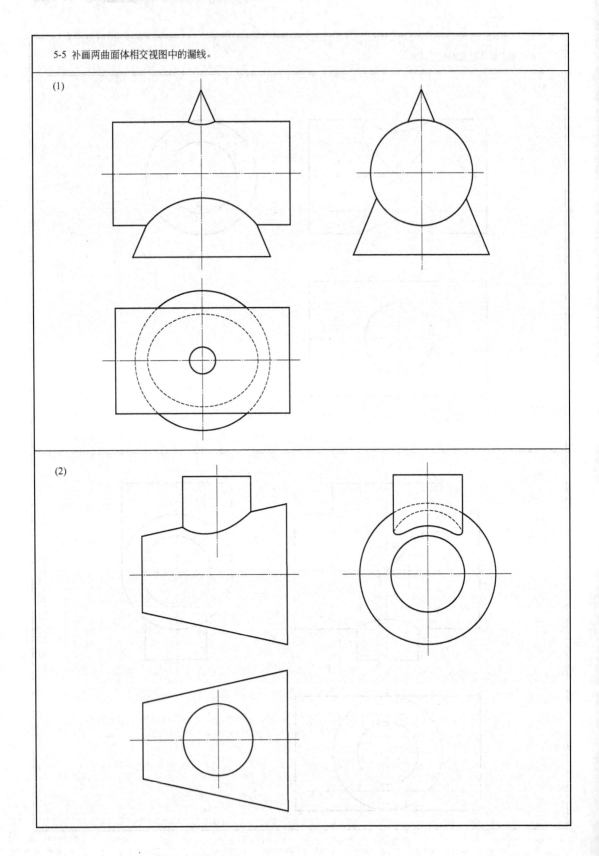

续5-5 补画曲面体相交视图中的漏线。

(3)

(4)

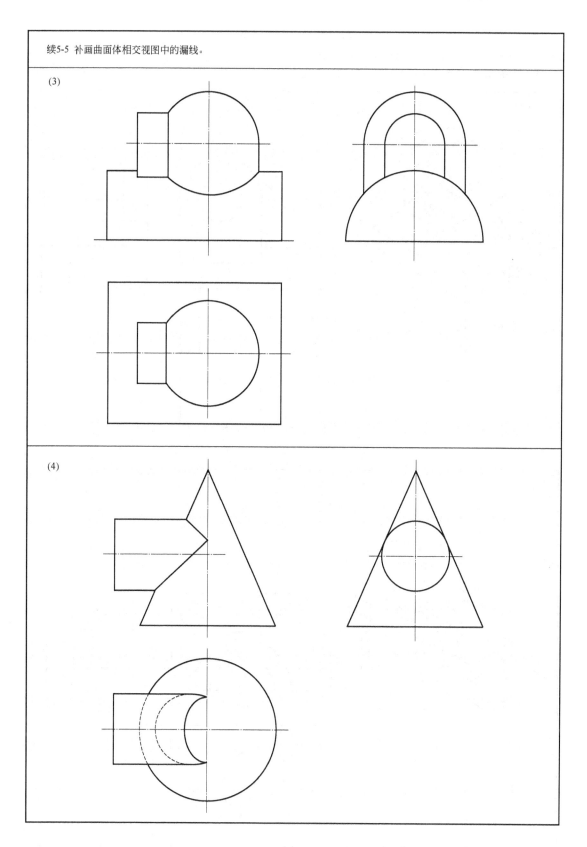

实践练习 6——答案

6-1 根据轴测图及尺寸，按1∶1的比例画出组合体的三视图。

(1)

(2)

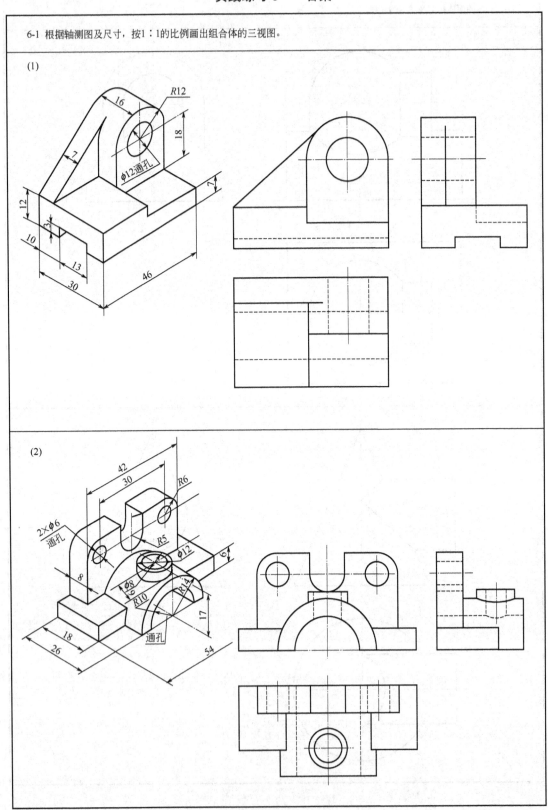

6-2 读懂视图，构思形体，并标注尺寸，尺寸数按1∶1的比例从图中直接量取。

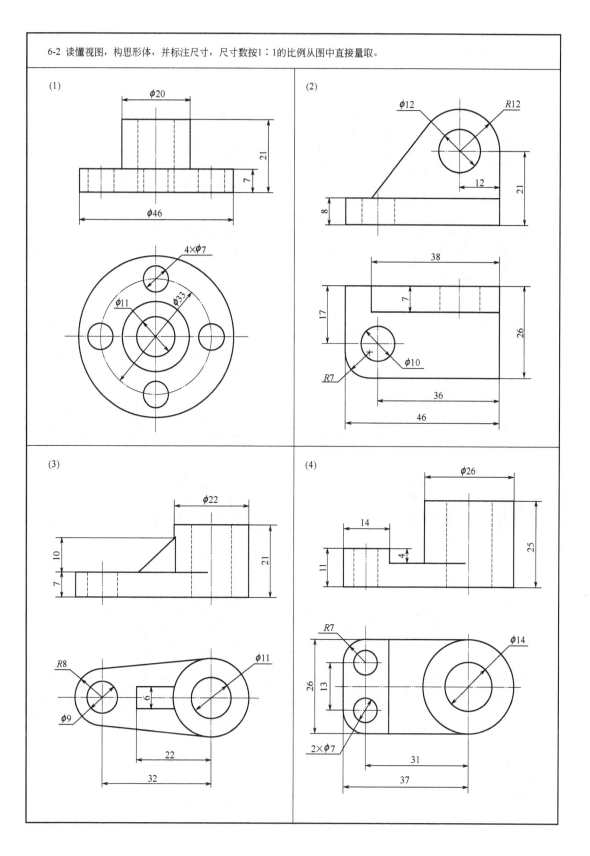

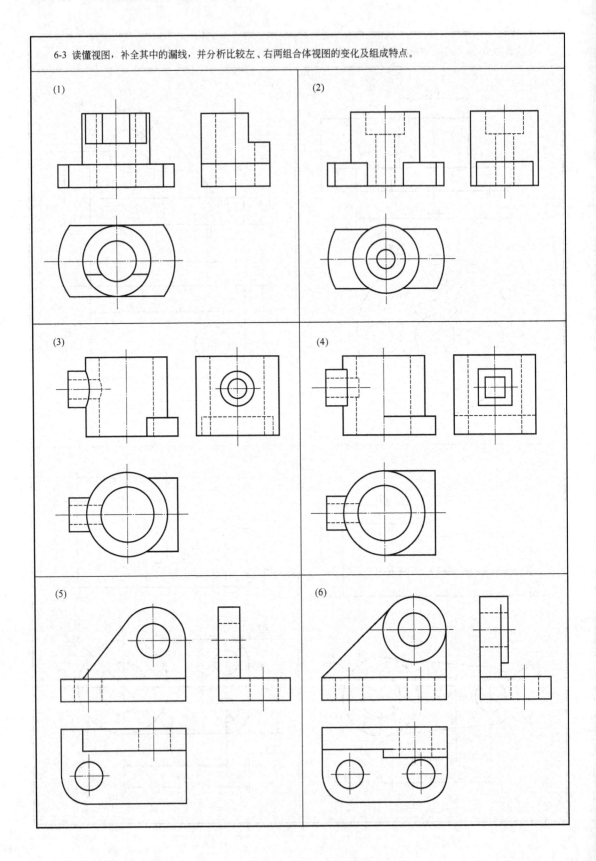

6-4 读懂视图，补画其第三视图，并分析比较左、右两组合体视图的变化及组成特点。

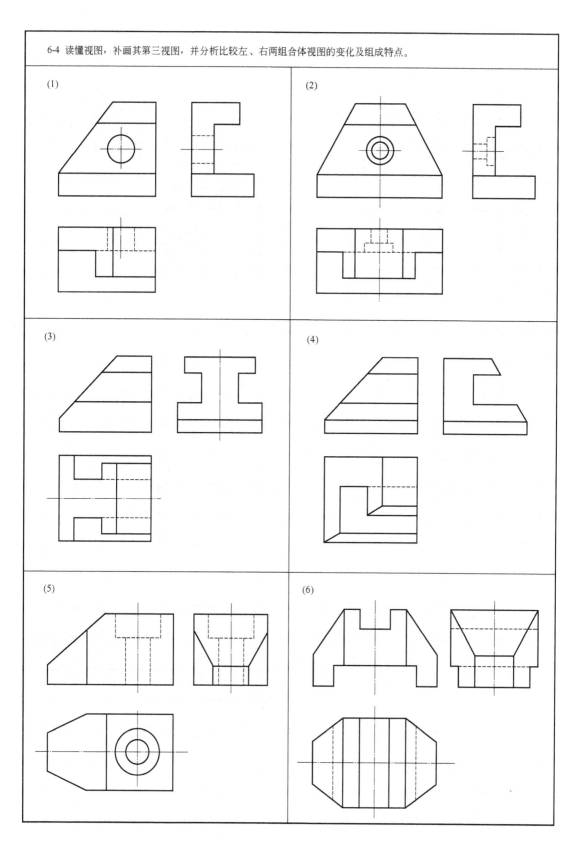

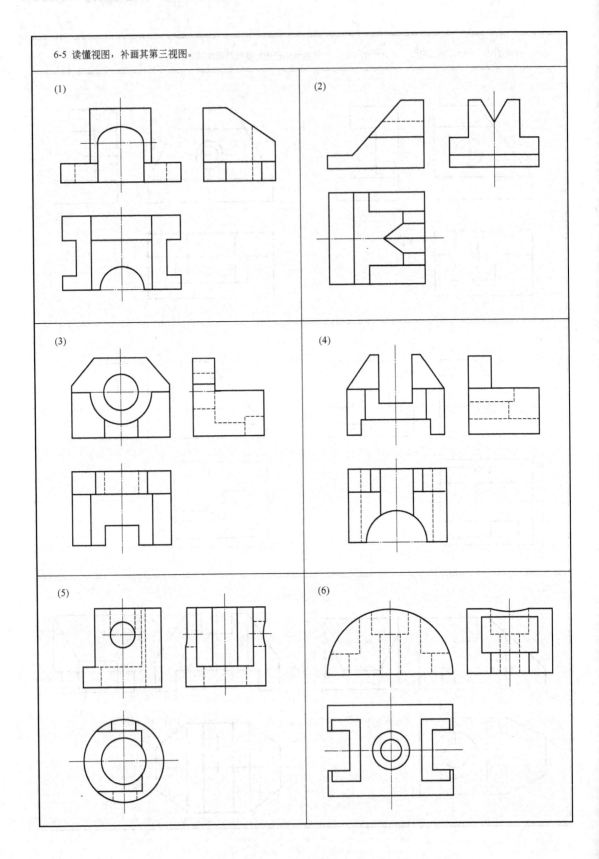

实践练习 7——答案

7-1 读懂机件的视图,画出其基本视图、向视图、局部视图和斜视图。

(1) 画出机件的其他四个基本视图。

(2) 在下方画出机件的A、B、C向视图。

(3) 画出机件的A局部视图和B斜视图。

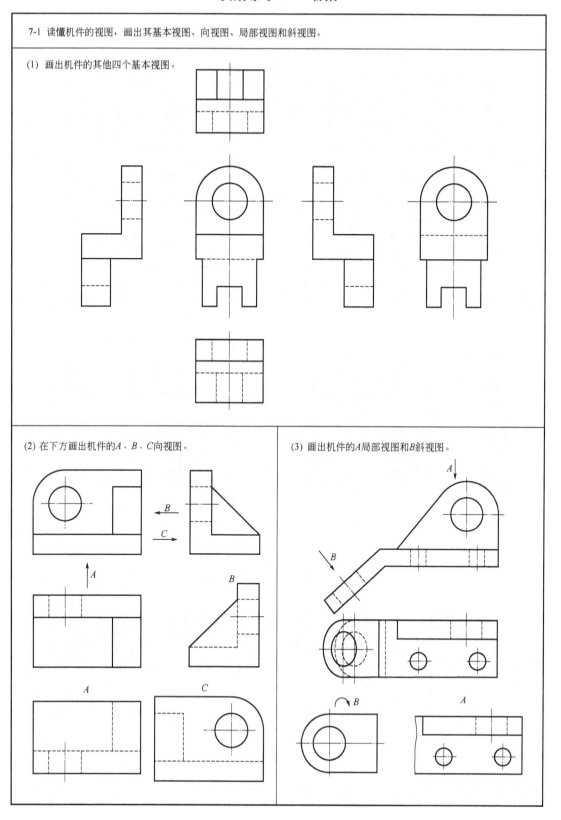

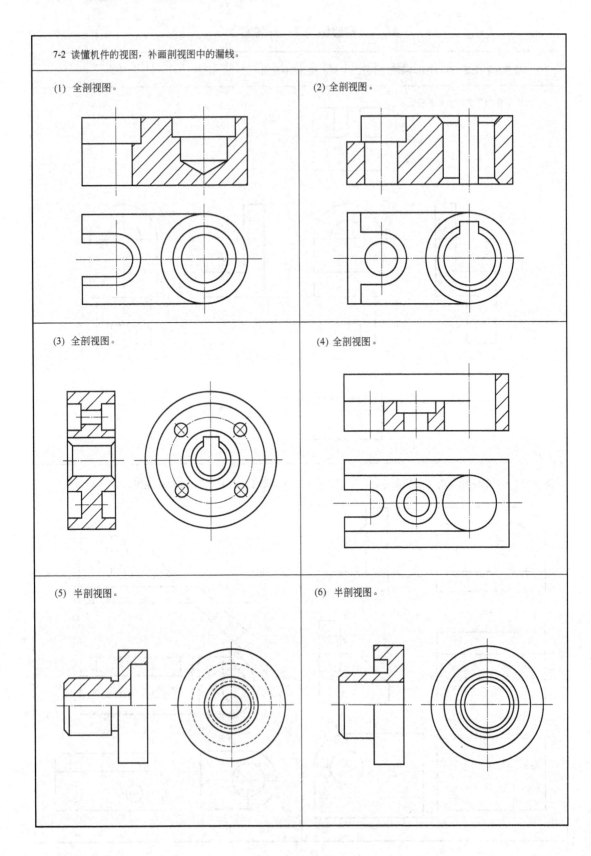

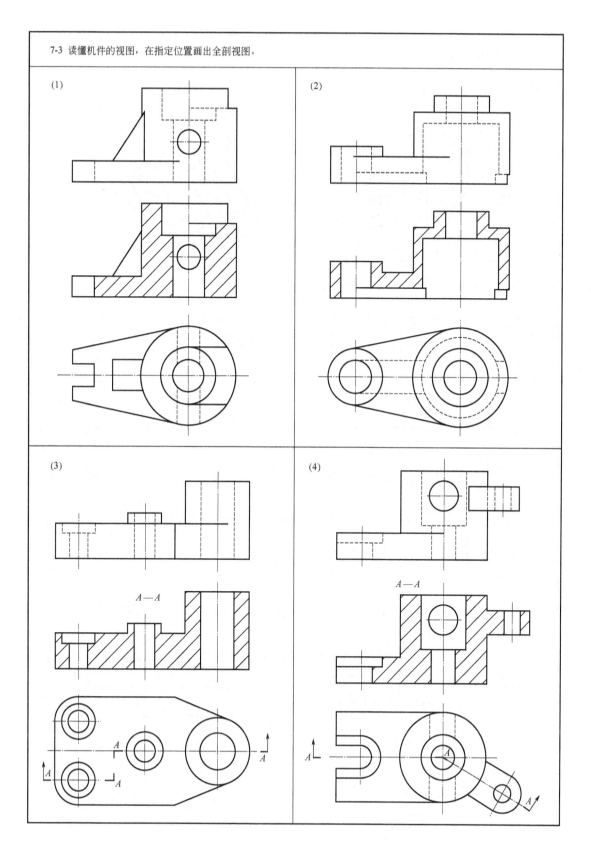

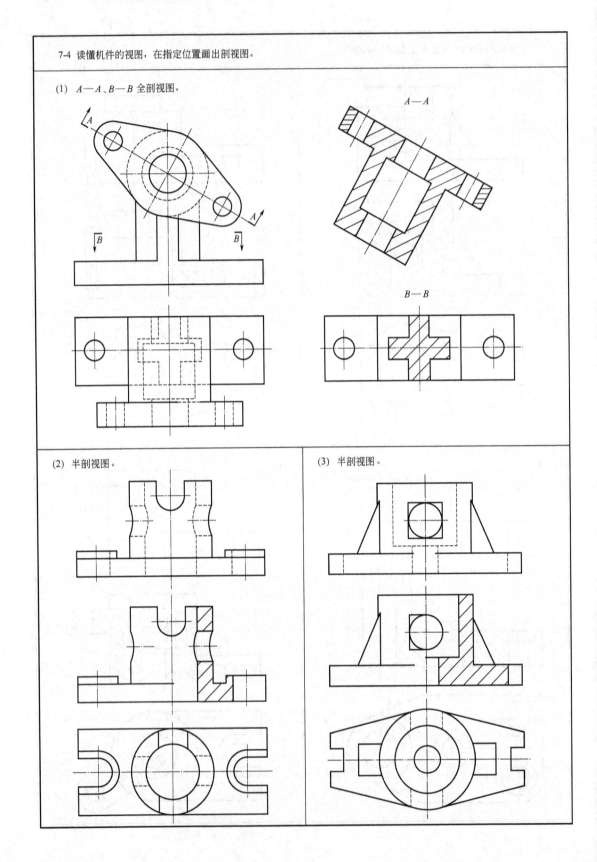

7-5 已知机件的视图，分析其表示法，说明表示目的是什么？分析画法中的错误与不妥，找出正确的剖视图，并分析哪几种组合是最佳方案？

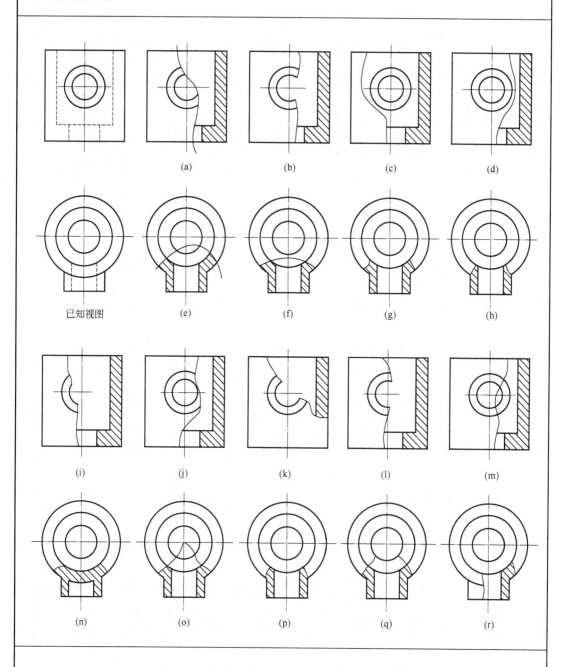

最佳方案的组合是：主视图(b)、(d)和俯视图(g)、(r)可任意组合。
错误的画法是：(a)、(c)、(j)、(k)、(n)、(o)、(q)。
不妥的画法是：(h)、(j)、(l)、(p)。

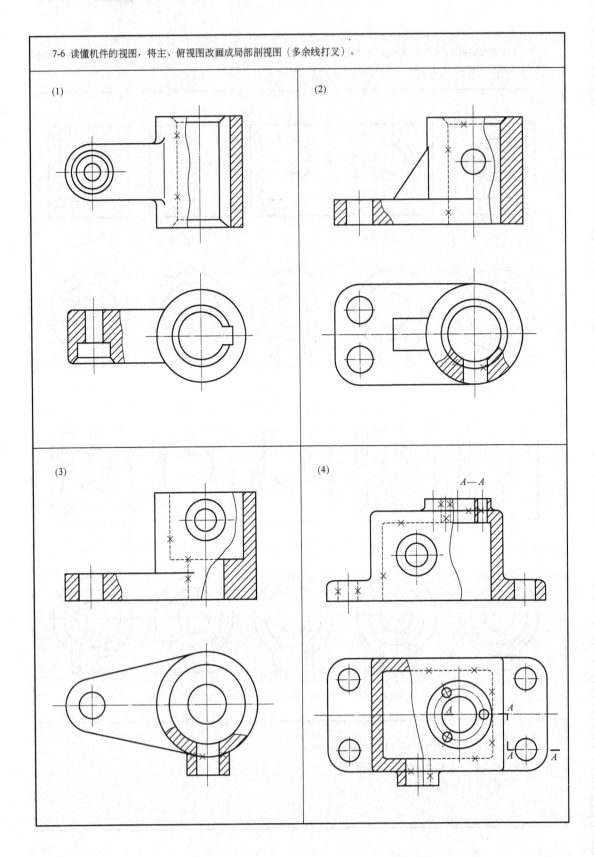

7-6 读懂机件的视图，将主、俯视图改画成局部剖视图（多余线打叉）。

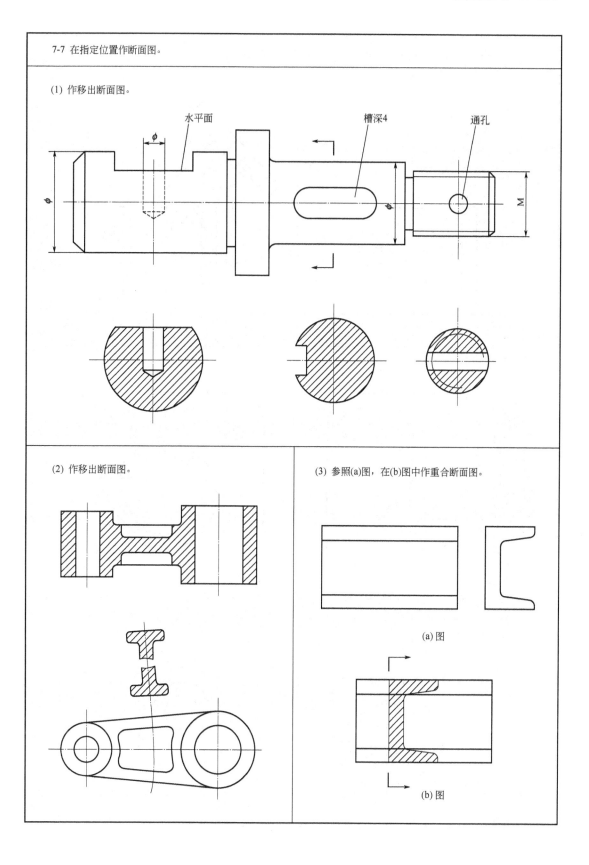

7-8 读懂机件的主、俯视图，确定最佳表示方案，将机件完整清晰地表示出来。

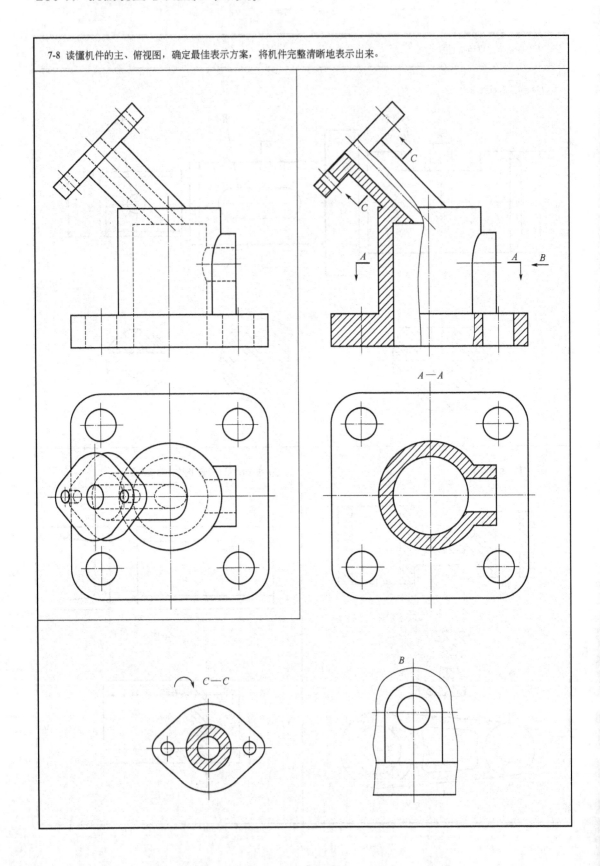

实践练习 8——答案

8-1 分析左图中表面结构标注的错误与不妥,在右图中按国家标准规定重新标注。

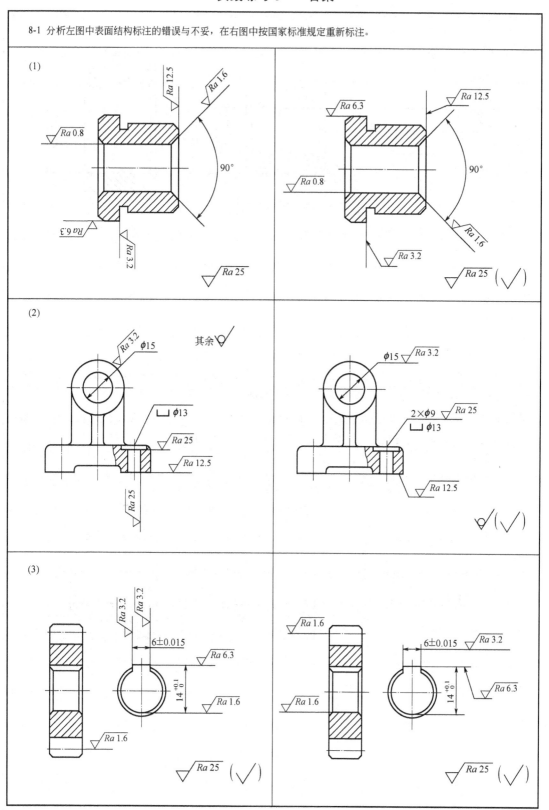

8-2 根据题目要求作出正确的极限与配合的标注及填空。

(1) 已知轴与套孔的配合尺寸 ϕ13H7/h6，套与箱体孔的配合尺寸为 ϕ25H8/k7，查国家标准，将极限偏差标注在图中。

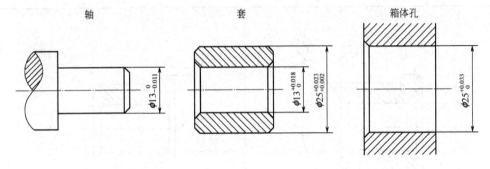

(2) 根据已知的尺寸填空。

① 孔的尺寸 $\phi 40^{+0.039}_{0}$ 中：ϕ40 表示 __公称尺寸__，上极限尺寸是 __ϕ40.039__，下极限尺寸是 __ϕ40__，上极限偏差是 __+0.039__，下极限偏差是 __0__，公差值是 __0.039__，基本偏差值是 __0__。

② 轴的尺寸 $\phi 40^{-0.025}_{-0.050}$ 中：ϕ40 表示 __公称尺寸__，上极限尺寸是 __ϕ39.975__，下极限尺寸是 __ϕ39.950__，上极限偏差是 __-0.025__，下极限偏差是 __-0.050__，公差值是 __0.025__，基本偏差值是 __-0.025__。

③ 孔与轴配合后，属于基 __孔__ 制的 __间隙__ 配合。

(3) 根据零件图上给出的尺寸及公差要求，查国家标准，在装配图上注出其相应的配合代号。

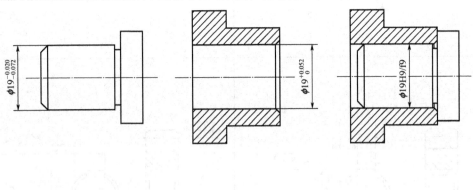

8-3 几何公差的识读与标注。

(1)

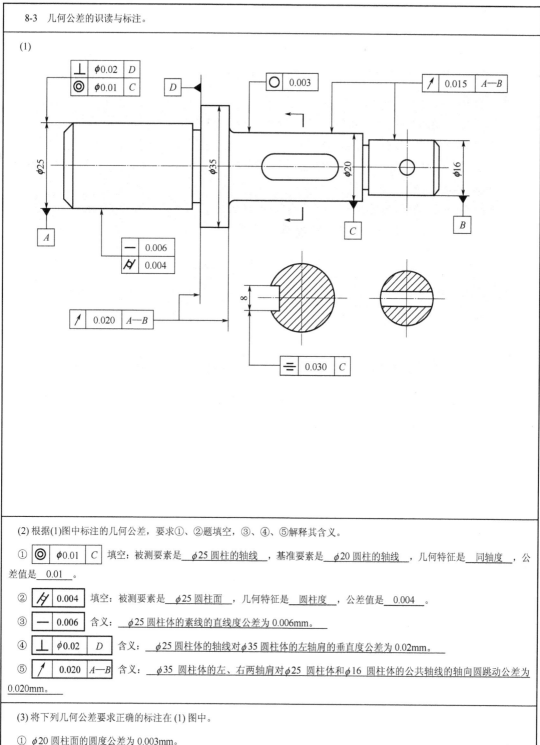

(2) 根据(1)图中标注的几何公差，要求①、②题填空，③、④、⑤解释其含义。

① ◎ | φ0.01 | C 填空：被测要素是__φ25 圆柱的轴线__，基准要素是__φ20 圆柱的轴线__，几何特征是__同轴度__，公差值是__0.01__。

② ⌭ | 0.004 填空：被测要素是__φ25 圆柱面__，几何特征是__圆柱度__，公差值是__0.004__。

③ — | 0.006 含义：__φ25 圆柱体的素线的直线度公差为 0.006mm。__

④ ⊥ | φ0.02 | D 含义：__φ25 圆柱体的轴线对φ35 圆柱体的左轴肩的垂直度公差为 0.02mm。__

⑤ ↗ | 0.020 | A—B 含义：__φ35 圆柱体的左、右两轴肩对φ25 圆柱体和φ16 圆柱体的公共轴线的轴向圆跳动公差为 0.020mm。__

(3) 将下列几何公差要求正确的标注在 (1) 图中。

① φ20 圆柱面的圆度公差为 0.003mm。

② 键槽 8 的对称面对φ20 圆柱体的轴线的对称度公差为 0.030mm。

③ φ20 圆柱面和φ16 圆柱面对φ25 圆柱体和φ16 圆柱体的公共轴线的径向圆跳动公差为 0.015mm。

8-4 读零件图，回答问题。

读懂蜗杆轴的零件图，回答下列问题：

① 该零件由 __8__ 段直径不同的圆柱体组成，有 __2__ 处键槽，其槽宽和槽深分别是 __6和3.5__ __8和4__ 。

② 该零件的轴向和径向尺寸的主要基准是：轴向 __φ40 圆柱体的右轴肩__ ，径向 __蜗杆轴的轴线__ 。

③ 蜗杆轴上有 __3__ 处倒角结构，其尺寸是 __C1__ 。

④ 蜗杆轴上有 __4__ 处退刀槽结构。其槽宽都是 __2__ ，而槽深自左至右分别是 __1.5、2、2、1.5__ 。

⑤ 尺寸 M26×1.5-7g 中：M 表示 __普通螺纹特征__ 代号，26 表示 __公称直径__ ，1.5 表示 __螺距__ ，7 表示 __公差等级__ 代号，g 表示 __基本偏差__ 代号，7g 表示 __中顶径公差带__ 代号。该螺纹是粗牙还是细牙？ __细牙__ ，为什么？ __因为单线粗牙普通螺纹的螺距不需注出__ 。

⑥ 尺寸 $\phi 20^{+0.015}_{+0.002}$ 中：φ20 表示 __公称尺寸__ ，上极限尺寸是 __φ20.015__ ，下极限尺寸是 __φ20.002__ ，上极限偏差是 __+0.015__ ，下极限偏差是 __+0.002__ ，基本偏差值是 __+0.002__ ，公差值是 __0.013__ 。

⑦ $\phi 18^{0}_{-0.011}$ 圆柱面和 $\phi 22^{+0.015}_{+0.002}$ 圆柱面的表面结构参数 Ra 值是 __3.2__ 和 __1.6__ ，这说明 $\phi 22^{+0.015}_{+0.002}$ 圆柱表面比 $\phi 18^{0}_{-0.011}$ 圆柱表面要求更高、更光滑。

⑧ 解释几何公差 ◎ | φ0.01 | A—B 的含义：

$\phi 30^{0}_{-0.0013}$ 圆柱体的轴线对 $\phi 22^{+0.015}_{+0.002}$ 圆柱体和 $\phi 20^{+0.015}_{+0.002}$ 圆柱体的公共轴线的同轴度公差为 0.01mm。

⑨ 在几何公差 = | 0.03 | D 中：被测要素是 __尺寸为6的键槽的对称面__ ，基准要素是 $\phi 18^{0}_{-0.011}$ 圆柱体的轴线 ，几何公差的几何特征是 __对称度__ ，公差值是 __0.03__ 。

读懂轴承盖的零件图，回答下列问题：

① 分析该零件的表示法：主视图采用的是__相交__剖切面，画的是__全剖__视图；左视图采用的是__对称__画法；B 叫__局部__视图，并在下方画出 E 向视图，尺寸按图形大小直接量取（提示：只画 1/4）。

② 该零件的材料是__HT200__，绘图比例是__1:1__。

③ 该零件的轴向尺寸主要基准是__φ90 圆柱体的右端面__，径向尺寸主要基准是__轴承盖的轴线和中心线__。

④ 尺寸 Rc1/4 中：Rc 表示用螺纹密封的__圆锥内__管螺纹，1/4 表示__尺寸__代号。

⑤ 尺寸 2×1 表示__退刀槽__结构，其中槽宽是__2__，槽深是__1__。

⑥ 该零件的加工表面中表面结构要求最高的代号是 $\sqrt{Ra\ 3.2}$，要求最低的代号是 $\sqrt{Ra\ 25}$。右端面的表面结构的表面粗糙度参数 Ra 值是__6.3__，其单位是__μm__。图中 I 所指线框的表面结构要求的代号是 $\sqrt{\ }$，该表面是用__不去除材料__的方法加工而成。

⑦ 在尺寸 $\phi 58f9\binom{-0.030}{-0.104}$ 中：$\phi 58$ 表示__公称尺寸__，f 表示__基本偏差__代号，9 表示__公差等级__代号，f9 表示__轴的公差带__代号，上极限尺寸是 $\phi\ 57.970$，下极限尺寸是 $\phi\ 57.896$，上极限偏差是__-0.030__，下极限偏差是__-0.104__，基本偏差值是__-0.030__，公差值是__0.074__。实际加工尺寸是 $\phi\ 57.888$ 是否合格？__否__。

⑧ 查国家标准知尺寸 $\phi 39H7$ 的公差值是 25μm，则该尺寸的上极限偏差是__+0.025__、下极限偏差是__0__，写出该尺寸在图样上的另外两种标注形式：__$\phi 39^{+0.025}_{0}$__和__$\phi 39H7\binom{+0.025}{0}$__。

⑨ 解释图中几何公差的含义：__φ90 圆柱体的右端面对 φ39H7 圆柱孔的轴线的垂直度公差为 0.04mm。__

⑩ 解释尺寸 $\frac{6\times\phi 7}{\sqcup\phi 11\overline{\mathbf{T}} 4 EQS}$ 的各项含义：6 表示__六个沉孔__，$\phi 7$ 表示__螺栓连接__孔直径，符号 $\sqcup$ 表示__沉孔__，$\phi 11$ 表示__沉孔直径__，符号 $\overline{\mathbf{T}}$ 表示__深度__，$\overline{\mathbf{T}}4$ 表示__沉孔深度__，EQS 表示__均匀分布__。

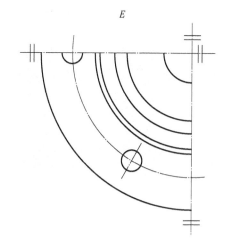

读懂托架的零件图，回答下列问题：

① 分析该零件的表示法：主视图采用的是__单一__剖切面，画的是__局部剖__视图；俯视图采用的是__基本__视图，主要表示托架的__外部形状__和用虚线表示左下方的__凹槽__结构，并采用了__移出断面__图来表示凹槽的形状；另一个 B 视图叫__局部__视图，其主要表示托架右方的__凸台__结构。

② 该零件的名称是__托架__，属于__叉架__类零件；其材料是__HT150__，画图比例是__1:2__。该零件图的画图比例是放大还是缩小比例？__缩小比例__。

③ 该零件的长、宽、高三个方向尺寸的主要基准是：

长度方向为__φ35H8 圆柱孔的轴线__；

宽度方向为__托架的对称线__；

高度方向为__φ55 圆柱体的下底面__。

④ 尺寸 2×C1 表示__倒角__结构。其中 2 表示__两端__，C 表示__45°__，1 表示__倒角宽度__。

⑤ 该零件的加工表面中表面结构要求最高的表面粗糙度参数 Ra 值是__6.3__，其单位是__μm__；要求最低的表面粗糙度参数 Ra 值是 25μm，共有__5__处。其他表面的表面结构要求是用__不去除材料__的方法获得的。

⑥ 在尺寸 φ35H8 中：φ35 表示__公称尺寸__，H 表示__基本偏差__代号，8 表示__公差等级__代号，H8 表示__孔的公差带__代号。当把尺寸为 φ35k7 的轴装入该孔中时，所形成的配合叫__过渡__配合，采用的是基孔制还是基轴制配合？__基孔制__。

⑦ 解释图中几何公差的含义：__φ35H8 圆柱孔的轴线对托架的上端面的垂直度公差为 0.02mm__。

⑧ 画出 D—D 全剖视图（尺寸按图形大小直接量取）。

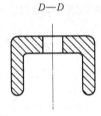

D—D

读懂轴泵体的零件图，回答下列问题：

① 分析该零件的表示法：主视图采用的是__单一__剖切面，画的是__全剖__视图，其中还采用了__移出断面__图和__重合断面__图，这两处图形表示了__肋板__结构；左视图主要表示泵体的__外部__形状和__螺栓连接孔__的内部结构，该图属于__局部__剖视图；A 视图叫__局部__视图，主要为了表示泵体上__底板图角及螺栓连接孔__的结构形状，该图中还采用了__单一__剖切面的局部剖视图来表示__螺孔__的结构形状。在下方画出 D 视图，尺寸按图形大小直接量取（提示：只画 1/2）。

② 解释尺寸 2×M5-7H 的各项含义：其中 2 表示__两个螺孔__，M 表示__普通螺纹特征__代号，5 表示__公称直径__，7 表示__公差等级__代号，H 表示__基本偏差__代号，7H 表示__中、顶径公差带__代号。

③ 找出该零件的长、宽、高三个方向尺寸的主要基准：
长度方向是__φ60 圆柱体的右端面__，宽度方向是__泵体的对称线__，高度方向是__泵体的下底面__。

④ 该零件的底板上共有__两__个螺栓连接孔。其定形尺寸是__φ13__，定位尺寸是__47__和__77__。

⑤ 尺寸 C1 表示__倒角__结构。其中 C 表示__45°__，1 表示__倒角宽度__。

⑥ 该零件的加工表面中表面结构要求最高的表面粗糙度参数 Ra 值是__3.2__，要求最低的表面粗糙度参数 Ra 值是__25__，其单位是__μm__。

⑦ 尺寸 $\phi 42^{+0.039}_{0}$ 中：φ42 表示__公称尺寸__，上极限尺寸是__φ40.039__，下极限尺寸是__φ40__，上极限偏差是__+0.039__，下极限偏差是__0__，基本偏差值是__0__，公差值是__0.039__。该尺寸与基本偏差为 f，公差等级为 7 的轴采用基孔制配合，其基准孔的代号是__H__；写出该尺寸在装配图中的标注形式__φ40H8/f7__。

⑧ 尺寸 G1 中：G 表示用非螺纹密封的__圆柱__管螺纹，1 表示__尺寸__代号。

⑨ 解释图中几何公差的含义：

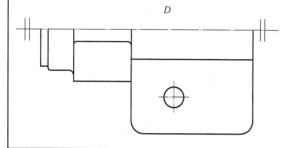

φ42H8 圆柱体的轴线对 φ50H7 圆柱孔的轴线的同轴度公差为 0.01mm。

泵体的下底面的平面度公差为 0.03mm。

⑩ 图中标有①、②、③、④、⑤各表面的位置，自左到右依次是⑤、④、③、①、②。

9-1 根据球阀的装配示意图和零件图，采用适当的比例画出其设计装配图。

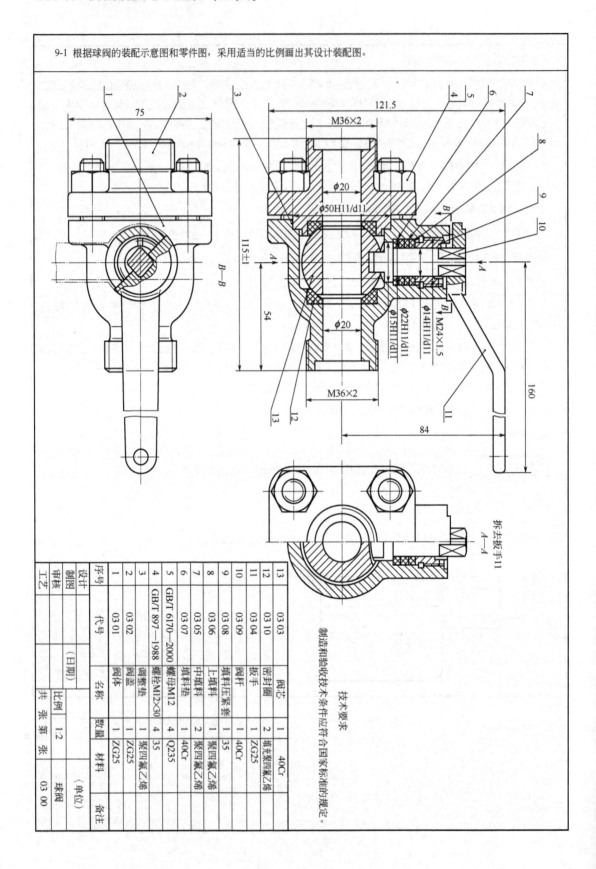